SGCライブラリ-185

深層学習と統計神経力学

甘利 俊一　著

サイエンス社

はじめに

AI は驚くほどの速さで発展しつつある．これは新しい産業革命をもたらすのみならず，人々の思考様式を変え，文明の新しい様式をもたらすとすら言われている．しかしその道はまだ遠く，その前に社会が克服しなければならない課題は多い．我々人類はうまくこれを乗り越え未来を拓けるのか，それともその前に文明崩壊と混乱が待っているのかが問われている．

今の AI の中核技術は超多層の深層学習であり，それにさらに多くの工夫が加えられている．強化学習，GAN などの生成技術，拡散生成モデル，transformer と呼ばれる系列の学習処理技術など，多数が挙げられよう．技術の進歩は驚くほど速い．世界中が巨大な資金のもとで激しい競争を繰りかえしているからである．

これらの技術はいまや成熟して広く使われているとはいえ，その原理を我々は正しく理解しているだろうか．なにもかもパッケージ任せというのでは心もとない．深層学習一つをとっても，数百億にも達する巨大な数の可変パラメータを用いる．パラメータ数は学習に用いる例題の数をはるかに超え，必要以上に過剰である．この時に何が起こるのか，我々が十分に理解しているとは言い難い．それにもかかわらず，役に立つから使われている．

数理工学を専攻し研究に永年専心してきた私は，他の多くの理論家と同様に，現状に満足していない．深層学習がうまく働く仕組みを私なりに理解したと考えて，統計神経力学なる手法を用いてその仕組みを理論的に明らかにしたいと考えた．私はもう老研究者であり，自分の時代は過ぎたと感じてはいる．それに私の成果は未だに満足のいくものではない．それでもこれを読者と共有してみたい．

このような考えは理化学研究所脳科学総合研究センターを退職し，株式会社アラヤの顧問として活動しだしたときに始まる．アラヤはこの成果を広く共有すべく連続公開セミナーを組織し，それが軌道に乗ったところでコロナ禍が襲い，中止を余儀なくされた．その代わりに『数理科学』誌で連載を始め，それに手を加えたものが本書である．なお，本書で挙げる文献は極めて不十分である．しかし，いまや文献はインターネット上でいくらでも検索できるので，お許し願いたい．

連載中そして本書の完成に大変お世話になったサイエンス社の高橋良太氏，平勢耕介氏に感謝したい．また，手書きの原稿を忍耐強く TEX に仕上げてくれた浪岡恵美さんの献身的な努力に感謝したい．

2023 年 4 月

甘利 俊一

目　次

序章

深層学習：その仕組みと歴史

深層学習は新しい時代の幕を開け，AI 全盛の世をもたらした．本書は深層学習と統計神経力学の仕組みに焦点を当てるが，この序章では AI と深層学習の歴史から始めて深層学習の基本的な仕組みについて述べる．さらにこの問題に永年携わってきた一研究者として，個人の立場からその社会的な影響について簡単な考察を試みたい．

1　記号推論の AI と学習機械パーセプトロン

1950 年代になると，コンピュータが広く使われるようになってきた．コンピュータは万能チューリング機械であり，数値計算だけでなく論理演算も行なう万能性を持つ．これを用いて人間の知的な機能を機械の上で実現したいという夢が生じる．1958 年にアメリカの Dartmouth で人工知能の会議が開催され，多くの研究者が結集した．人工知能（AI）の旗揚げである．

人は言語を用い，論理的な推論を行うことで知的な機能を実現している．これは他の動物にはできないことである．この機能をコンピュータ上で実現してみたい．記号を用い，論理推論を実行するプログラムを作る構想である．壮大な夢が幕を開け，研究者は熱狂した．これを第一次 AI ブームと呼ぶ．

同じころ，全く違う方向での試みが現れた．心理学者 F. Rosenblatt による学習機械**パーセプトロン**である．人は脳の神経回路網を使い，幼児の時代から始まって，知的な機能を学習によって獲得する．それならば，人工の神経回路網のようなモデルを用い，これに学習を施すことで知的な機能を実現できるのではなかろうか．当然の反論もあろう．サルは人と同じような神経回路網を持つが，人並みの知的な機能は持たないから，高度な知的機能の実現はこれでは難しいというものである．

ともあれ，Rosenblatt はパーセプトロンと呼ぶ神経回路モデルを提唱した[1]．それは **McCulloch–Pitts ニューロン**と呼ぶ単純なニューロンを用いて，そ

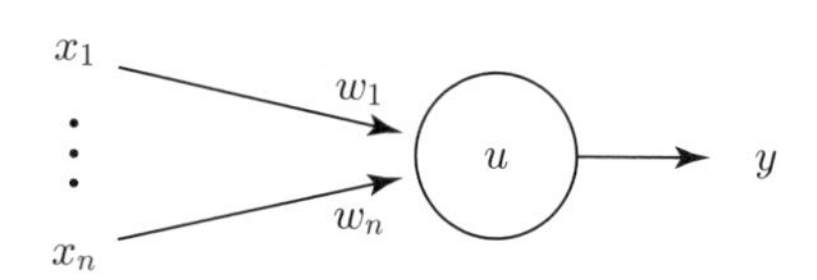

図 1　McCulloch–Pitts ニューロン．

れを多層に組み上げた回路網である．念のため，McCulloch–Pitts ニューロン（**形式ニューロン**とも呼ぶ）の動作を書いておこう．一つのニューロンは n 個の入力信号 $\boldsymbol{x} = (x_1, \cdots, x_n)$ を受け取る．各入力 x_i に重みと呼ぶ荷重 w_i をかけてその線形和を取り，そこから閾値 h を引いておく．すると

$$u = \sum w_i x_i - h \tag{1}$$

が得られる．これが正ならば，ニューロンは興奮し 1 を，正でないならば 0 を出力する（図 1）．入出力関係を式で書けば，y を出力として

$$y = f(\boldsymbol{w} \cdot \boldsymbol{x} - h) \tag{2}$$

と書ける．$\boldsymbol{x}$ は入力，y が出力，f は $0, 1$ の 2 値を取る **Heaviside 関数**で，

$$f(u) = \begin{cases} 1, & u > 0, \\ 0, & u \leq 0 \end{cases} \tag{3}$$

だからこれは論理素子といえる．

この素子を多数使って，図 2 に示すように多層に組み上げた深層回路網がパーセプトロンである．図では出力ニューロンは 1 個であるが，これは多数あってよい．また，同じ層内での結合や層を飛ばした結合，さらにフィードバックする結合があってよいとされた．図 2 の簡単なパーセプトロンの入出力関係を示そう．第 l 層の i 番目のニューロンは第 $l-1$ 層の各ニューロンの出力信号 $x_j^{l-1}, j = 1, \cdots,$ を受け取り，これに重み w_{ij}^l を掛けて線形和を取る．そこから閾値 h_i^l を引いたものを

$$u_i^l = \sum_j w_{ij}^l x_j^{l-1} - h_i^l \tag{4}$$

と置けば，このニューロンの出力は

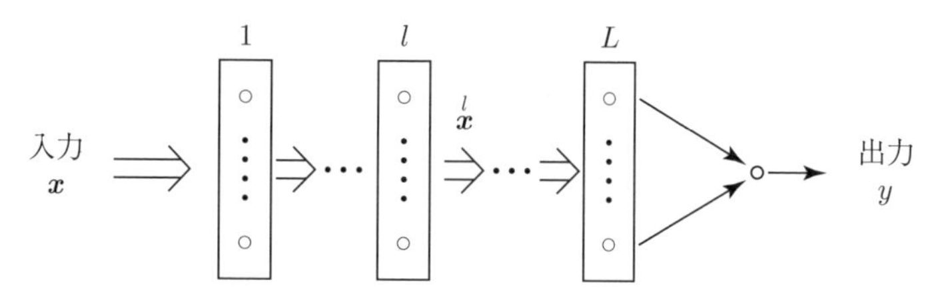

図 2　層状の神経回路網．

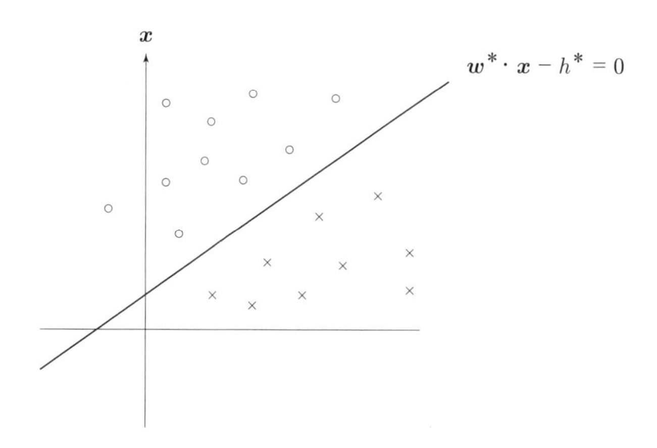

図 3　線形分離可能な信号の配置．○：クラス 1 の信号，×：クラス 0 の信号．

$$x_i^l = f\left(u_i^l\right) \tag{5}$$

のように書ける．最後の層の出力 y は，入力 $\boldsymbol{x}$ から始まりこの計算を各層で順に繰り返して得られる．

全部まとめて，入力 $\boldsymbol{x}$ に対して最後の出力ニューロンは（簡単のため一個とした），

$$y = f(\boldsymbol{x}, W, \boldsymbol{h}) \tag{6}$$

と書けて，$\boldsymbol{x}$ の関数として y を出す．ここで f はすべての層の重み w_{ij}^l をまとめた W と閾値をまとめた $\boldsymbol{h}$ に依存する $\boldsymbol{x}$ の複雑な関数である．各素子の重み w_{ij}^l と閾値 h_i^l を変えることで入出力の関係が変わる．学習は重みと閾値を変えることで実現する．これは基本的には今の深層学習でも使われるモデルである．

Rosenblatt は Principles of Neurodynamics[1] という著書を著し，パーセプトロンの壮大な構想を説いた．しかし，具体的にできたことは，最終層の出力ニューロンの重みと閾値を学習することであった．それでもこれは学習機械の幕を開けた．簡単のため，最終層の 1 個のニューロンを取り上げ，その入出力を $\boldsymbol{x}, y$ とする．入出力関係は

$$y = f(\boldsymbol{w} \cdot \boldsymbol{x} - h) \tag{7}$$

であった．ここで簡単のためベクトル $\boldsymbol{w} = (w_1, \cdots, w_n)$ を使った．入力信号 $\boldsymbol{x}$ は多数あるものとし，あるものはクラス 1 に属し，他のものはクラス 0 に属するとする．ニューロンの仕事はクラス 1 に属する信号が入力すれば答えは $y=1$，クラス 0 に属する信号が来れば $y=0$ を出力することとしよう．

今仮に，クラス 1 の信号とクラス 0 の信号が線形分離可能であるとする．これは，図 3 に示すようにある重みベクトル $\boldsymbol{w}^*$ と閾値 h^* があって，これを用いれば

$$\boldsymbol{w}^* \cdot \boldsymbol{x} - h^* > 0, \quad \boldsymbol{x} \in \text{クラス } 1, \tag{8}$$

$$\boldsymbol{w}^* \cdot \boldsymbol{x} - h^* \leq 0, \quad \boldsymbol{x} \in \text{クラス } 0 \tag{9}$$

となっていることである．すなわち入力空間 $X = \{\boldsymbol{x}\}$ の超平面

$$H: \ \boldsymbol{w}^* \cdot \boldsymbol{x} - h^* = 0 \tag{10}$$

が二つの信号のクラスを分離している．この時二つのクラスの信号は**線形分離可能**と呼ぶ．Rosenblatt は，例題として $(\boldsymbol{x}, y)$ の組を繰り返して与え，回路が分類の誤りを犯すごとにそれに応じて重みと閾値とを少しずつ変える方式の学習を提案した．彼は線形分離可能な有限個の信号からなる集まりに対して，有限回の学習で正しい答えが得られるとした．

学習は以下のように，誤り訂正方式で進む．いまの重み $\boldsymbol{w}$ と閾値 h に対し，クラス 1 の入力 $\boldsymbol{x}$ が入ったのに，答 y は誤りで 0 だったとしよう．このとき $(\boldsymbol{w}, h)$ を

$$\boldsymbol{w} \to \boldsymbol{w} + c\boldsymbol{x}; \ h \to h - c \tag{11}$$

と変える．$c > 0$ は定数である．答が正しければ何もしない．クラス 0 の信号がきてこれを誤ったときには

$$\boldsymbol{w} \to \boldsymbol{w} - c\boldsymbol{x}; \ h \to h + c \tag{12}$$

とする．

以上の簡単な誤り訂正学習で，入力集合が線形分離可能で有限個からなるならば正解が得られるというのがパーセプトロンの収束定理である．もっとも，この証明はけっこう難しいので，証明されたのはもっと後のことである．今では人工知能の大御所 Minsky の与えた証明が簡明である[2)]．

では線形分離可能でなかったら，どうすればよいのか．線形分離可能などという都合のよいことはまれにしか起こらない．それならば最終層で線形分離可能になっているように入力信号を途中で変換してしまえばよい．これが多層回路の中間層のニューロンの役割である．Rosenblatt は中間層のニューロンの重みと閾値をランダムに設定しておけば，ニューロンの数が十分に大きければ，ほとんどの場合最終層で線形分離可能になっていることを見抜いた．多数のニューロンとランダムの重みを持つ結合の威力であり，卓見である．

でも，中間層のニューロンも学習することにして，中間層での情報の表現を学習すれば，最後の層に情報を渡す時には線形分離可能になっているようにできるのではないか．では，各ニューロンがどのように学習したらよいのか．この問題を解決したのが，**アナログニューロン**を用いた**確率的勾配降下法**であった．Rosenblatt のパーセプトロンは McCulloch–Pitts の形式ニューロンを使ったので，各ニューロンの重みを少し変えても，閾値を超えない変動では出力は変わらず，重みの微小変化の効果は現れない．閾値を超えてはじめて 1

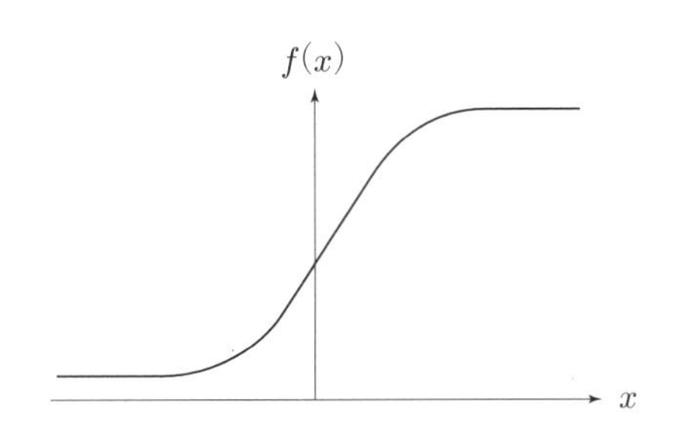

図 4　シグモイド関数 $f(x)$.

と 0 が変わる．しかし，出力の関数 f を Heaviside の 2 値関数ではなく，連続で単調増加のアナログ関数にすれば，重みと閾値を少し変えたときの効果が関数の微係数から計算できる．つまり，これにはアナログニューロンを使うことが必須であった．アナログ関数とは図 4 のような**シグモイド関数**（S の字を横に引き伸ばした形の関数）で，例えば

$$f(x)=\frac{1}{1+e^{x}} \tag{13}$$

のようなものである．

その話は次節に譲って，ここではパーセプトロンの残した影響を見ておこう．第一は多層の構造である．これは現在の深層学習につながるし，フィードバック結合なども入っていてよい．第二はまさに学習する機械である．第三にランダム結合の効能を挙げたい．これは統計神経力学の基礎でもあり，いまも広く使われている．Rosenblatt 自身も，真空管を用いて（当時トランジスターはなかった），大きな部屋いっぱいを使い 10 ニューロン程度のパーセプトロンを試作している．これは今は米国のスミソニアン博物館に展示されている．彼は，海難事故で 1971 年に亡くなっているため，深層学習に至るパーセプトロンのその後の隆盛を見ていないのは残念である．

2　確率勾配降下学習法の源

アナログニューロンを用いる利点は，多層神経回路網の入出力関数 (6) が，中に含まれるパラメータ（個々の重み w と閾値 h のこと）について微分可能になることである．パラメータをまとめてベクトル $\boldsymbol{\theta}$ で表そう．つまり

$$\boldsymbol{\theta}=(W,\boldsymbol{h})=\left(w_{ij}^{l},h_{i}^{l}\,;\ l=1,\cdots,L\right) \tag{14}$$

として，(6) 式を

$$y=f(\boldsymbol{x},\boldsymbol{\theta}) \tag{15}$$

のように簡単に書く．

すると，関数の勾配と呼ばれるベクトル

$$\frac{\partial}{\partial \boldsymbol{\theta}} f(\boldsymbol{x}, \boldsymbol{\theta}) \left(= \frac{\partial}{\partial \theta_i} f(\boldsymbol{x}, \boldsymbol{\theta}), \quad i = 1, 2, \cdots \right) \tag{16}$$

が得られる．パラメータが $\boldsymbol{\theta}$ から $\boldsymbol{\theta} + d\boldsymbol{\theta}$ へと変化すれば，出力は

$$dy = \frac{\partial f}{\partial \boldsymbol{\theta}} \cdot d\boldsymbol{\theta} \tag{17}$$

だけ変化する．

学習は入力の時系列 $\boldsymbol{x}_1, \boldsymbol{x}_2, \boldsymbol{x}_3, \cdots$ に対して，時刻 t での回路の与える出力 y_t と，**教師信号**と呼ぶ（正解と考える）信号 y_t^* との違いを用いて，y_t と y_t^* の差が減るようにパラメータ $\boldsymbol{\theta}$ を各時点で修正する．この違いを**損失関数**と呼び $l\left(y_t, y_t^*\right)$ で表そう．多くの場合，二乗誤差

$$l\left(y, y^*\right) = \frac{1}{2}\left(y - y^*\right)^2 \tag{18}$$

が用いられる．教師出力 y^* が 2 値 $0, 1$ である場合などは，ニューロンのアナログ出力 y は，出力が 1 である確率を表すものとして，y と y^* の違いの損失を，エントロピーを用いて

$$l\left(y, y^*\right) = -y^* \log y - \left(1 - y^*\right) \log(1 - y) \tag{19}$$

とすることが多い．

現時点 t で，入力 $\boldsymbol{x}_t$ に対して出力が y_t，教師信号が y_t^* であったときに，パラメータを現在の $\boldsymbol{\theta}_t$ から $\boldsymbol{\theta}_{t+1} = \boldsymbol{\theta}_t + \Delta\boldsymbol{\theta}$ へ，

$$\Delta\boldsymbol{\theta} = -\eta \frac{\partial l\left(y_t, y_t^*\right)}{\partial \boldsymbol{\theta}} \tag{20}$$

だけ変化させるのが，**オンライン確率的勾配降下学習法**である．ここでオンラインとは，データが一つ到着するごとにパラメータを調節すること，勾配を用いて損失が減る方向にパラメータを動かすこと（**勾配降下学習**），確率というのは入力のデータ $\boldsymbol{x}_t$ は，未知の確率分布から確率的に到着することを意味している．η は**学習係数**である．これが小さすぎると学習はなかなか進まず，大きすぎると学習が荒れて収束しない．

オンライン学習法の源流は Robbins–Monro の**確率近似法**にあった[3)]．彼らは 1 次元 x の単調連続増大の関数 $f(x)$ の零点，すなわち $x = \theta^*$ のときに

$$f\left(\theta^*\right) = 0 \tag{21}$$

となる θ を求める問題を考えた．関数 $f(x)$ の値をいろいろな x 点で観測して，誤差 ε を含んだ $f(x)$ の値

$$y = f(x) + \varepsilon \tag{22}$$

が得られるものとする．現在の零点の候補の値 θ_t を，y が正ならば少し減らし，負ならば少し増やせばよいと考えた（図 5）．すなわち

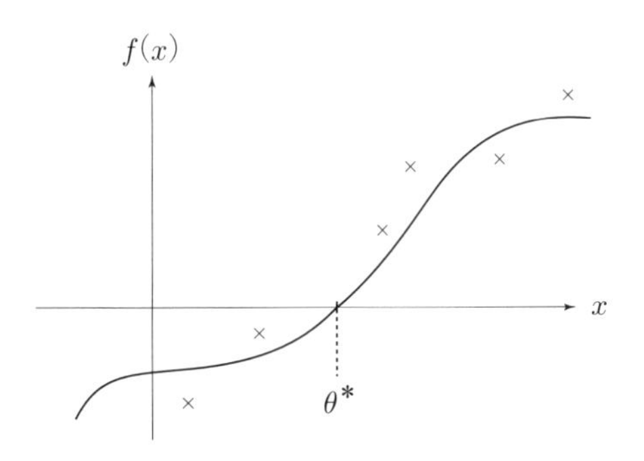

図 5　Robbins–Monro の零点 θ^* を得るアルゴリズム：× は観測点.

$$\theta_{t+1} = \theta_t - \eta_t y_t \tag{23}$$

この時，独立な誤差 ε が毎回入るから，このままでは正解は得られない．ところが，学習係数 η_t をうまく選ぶとしよう．具体的には

$$\sum_{t=1}^{\infty} \eta_t = \infty, \tag{24}$$

$$\sum_{t=1}^{\infty} \eta_t^2 < \infty \tag{25}$$

を満たすように選ぶ時に，この学習過程は確率 1 で正解の零点 θ^* を与えることを示した．条件 (25) は，時間が経って正解に近くなれば，η_t を 0 に近づけて変動をなくすこと，条件 (24) は初期値が正解から離れていても，正解に到達できるほどには η_t は大きくなければいけないことを示している．具体的には，例えば

$$\eta_t = \frac{1}{t} \tag{26}$$

と置けばよい．

この過程を，零点ではなくて関数 $f(x)$ の最小値を与えるものに変えるのは，f の微係数が 0 になる点を求めることであり，関数の微分，つまり勾配を用いてその零点を求めればよい．これを **Kiefer–Woltzvitz 過程**と呼ぶ[4]．だんだん深層学習に近づいてきた．

ただ，Robbins–Monro の時代にはまだ**機械学習**という考えはなかった．これを機械学習に用いる考えは，ロシアの Tsypkin が始めた[5]．1966 年のロシア語の論文で，確率勾配降下法を用いている．私も同じ時期に，中間層の学習法がパーセプトロン発展の鍵を担うと考えていた．それにはアナログニューロンを用いて，勾配降下学習を行えばよい．私は不覚にも Robbins–Monro の確率降下法を知らず，η の満たすべき式なども自分で考え出した．これは 1966 年に日本語で発表した[6]（英文が IEEE から出るのは 1967 年である[7]）．九州大学の久住の寮で温泉につかりながら，ついに着想が実ったときは嬉しかった．

もっとも，世界は（とはいっても欧米のこと）はニューロとAIの冬の時代といわれ，論文は注目されなかった．IEEEの査読者の一人などは，“too mathematical”の一言で，返戻を指示した．幸いもう一人が良い論文であると言って採録された．後にV. Vapnikが語ったところによれば，ロシアでは私が計測自動制御学会誌に書いたこの理論の解説論文のロシア語訳が公刊され，このような機械学習の研究が行われているのは，ロシアと日本だけであるとモスクワで評判になったという．後に書かれたTsypkinの機械学習の本にも[8]，一章をさいて甘利の理論として紹介されている．

その頃，初めてのコンピュータが九大に導入された．そこで，修士課程の院生の斎藤庄司（宮内庄司と改名，その後NTTで活躍した）とともに，この理論をシミュレーションで示すことにした．正確には，区分的線形識別関数の学習であり，大げさに言えば5層の神経回路網を使ったといってもよい．線形分離不可能な2組の点パターンが見事に学習で分離できた（第4章で述べる）．これが世界で最初の多層神経回路網の学習のシミュレーションであると，私は豪語している．

中間層の学習の話は冬の時代のせいもあってその後しばらく出なかった（でも，Werbosの論文など，いろいろにあった）．歴史をたどることは難しい．1980年代になって，**コネクショニズム**が現れ，第2次ニューロブームが起こる．ここでの花形が，Rumelhartらの**バックプロパゲーション**（**誤差逆伝搬法**）であった[9]．彼らはアナログニューロンを用いることで勾配降下法を導入し，中間層の学習法を導いた．この時，多層の回路網で出力関数のパラメータによる微分を実行すると，関数の関数の関数の微分は微分のチェインルールに従って，微分の微分の微分を掛け合わせたものになる．これにより最終層の誤差が，微分とともに層を遡って逆伝搬し，これを計算すれば微分計算（勾配の計算）が効率よくできる．

神経回路網の理論としても，誤差が逆伝搬して学習が進むというアイデアはすばらしい（もっとも，誤差の逆伝搬があり得るという話はRosenblattも話としては書いてはいる）．これが大いに受けて，第2次ニューロブームの花形となり，今の深層学習に受け継がれている．ただ，私はそれより20年近くも前の私の論文と考え方が全く同じであることに驚いた．ただし，誤差逆伝搬という考えは私には全くなく，これは秀逸で私には及びもつかなかった．

3 AIブームとニューロブーム

さて話を戻すと，第一次AIブーム，ニューロブームは沸き起こりはしたものの，10年もすれば沈静化する．思ったほどの実用的な成果が得られなかったからである．伝説では，1969年に発表されたMinskyとPapertのパーセプトロン批判[2]がニューロブーム沈静化を引き起こす一因となったというが，そんなことはない．彼らの批判は大変面白くはあるものの，限られた 3 層構造の離散ニューロンを使ったときの話に過ぎず，この主因ではない．時代の流れであった．

当時のコンピュータの性能は，いまに比べれば驚くほど低かったから止むを得なかったともいえる．私が当時最高の性能を誇る東大の大型コンピュータセンターに設置されたコンピュータを用いて，ランダム神経回路網のシミュレーションを行った 1967 年，使えるユーザーメモリーはわずかの 256K ワードであった．

かれこれ 20 年がそれから過ぎ，再び AI とニューロのブームが訪れる．1970 年代初めから，AI ではより実用的なモデルを求めて，専門家の知識をメモリーに埋め込み，推論規則を与えて有用な結果を出すエキスパートシステムが発展した．医用診断（MYCIN），化学の分子式（DENDRAL）など，良い性能のプログラムが出てブームを巻き起こした．第 2 次 AI ブームである．日本は残念なことにはるかに遅れて 80 年代になってこのブームが輸入され，AI 学会の設立は 1980 年代まで待たなければならなかった．

一方，第二次ニューロブームも少し遅れて 80 年代に始まった．これまで記号と論理の AI に寄り添っていた認知科学の一部が，これでは人間の認知の仕組を解明できないと，これと袂をわかった．人間の知的機能は脳で生ずること，それは結果として生ずる記号処理ではなく，第一義的には脳に広く分散して表現される情報の総合，つまりニューロンの結合のダイナミクスによって実現すると宣言したことが大きい．彼らは自らをコネクショニストと名乗り，多くの研究者を結集した．工学研究者はもとより，John Hopfield を始めとする多くの理論物理学者の参入があり，認知科学，生命科学，さらには情報系の企業の積極的な介入が大きかった．

日本はといえば，この動きに翻弄された感があるとは言うものの，70 年代に神経回路モデルに関する多くの研究の蓄積があった．この時代はまだ鎖国状態に近く，日本人が海外の学会に参加することは困難であった．文科省（当時は文部省）といえば，海外出張とは教えを乞うために行くのであり，こちらから最新の成果を教えに行くなどということは発想になかった．だから，出張は大変限られていて，国立大学の研究者が私費で行くということも，公式には認められていなかった．後に多くの研究者が海外の学会に参加するようになったが，国立大学教官の私費渡航は認められない（ちなみに，国家公務員の休暇を取っての海外渡航は新婚旅行ならば認められるようになった）．やむなく研究者は学会派遣（学会が費用を持って派遣する）という公的な形に頼り，学会から学会派遣証明書をもらうのに，同額の費用を学会に出しますという但し書きを付けて申請書を提出することになる．この費用が 500 円であった．

ともあれ，日本ではニューロの冬の時代などは訪れなかった．南雲仁一（東大），樋渡涓二（NHK 技研），伊藤正男（東大）などの先覚者による指導により，神経回路網の理論研究と医学の脳研究の交流が進んでいたのである．欧米での冬の時代に，神経回路網のモデルと理論に関して多くの研究がなされた．そこへ突然のニューロブームである．欧米が先進国として日本に一目置くのは当然であった．私のところへも，旅費は全額負担するから，神経回路網の国際学会に参加して欲しいという要請が舞い込んだ．第 1 回の国際会議では面白い光景が見られた．大会長 S. Grossberg の挨拶についで，Minsky が立ち上がった．彼は Grossberg が MIT にいた当時のことを述べ，「私は彼がそんなに優秀であるとは理解していなかったので，他の大学へ移ってもらった」と述べた．そして小さい声で付け加えた．「この考えは今でも変わっていない」．会場にはどよめきが走った．伝統的な記号と論理を主体とする AI 分野とニューロ分野との確執は，日本を含めてその後しばらく続くことになる．不幸なことではあった．

バブルに沸く日本経済の全盛時代である．企業も含めて多くの日本人が国際会議に参加した．しかし，日本はこの好機を活かして主導権を握ったかといえば，そうもならなかった．研究は日本の方が一歩先を進んでいたにもかかわらずである．欧米はしたたかである．私などは，恥ずかしいことに英語で丁々発止とやりあうことができず，会議でも後れを取った．確率降下学習法は私が 20 年前に提唱していること，Hopfield network と呼ぶ連想記憶モデルなども 10 年以上前に同じもの（実は時系列の連想記憶を含み，より進んでいるもの）を発表していることなどを声高に主張できなかったのである．もっとも，ランダムパターンを用いた連想記憶の記憶容量の解析は Hopfield によるもので，これはすばらしい．

研究は産業界をも巻き込んで進んだし，理論も整備された．しかし，第 2 次ブームも終焉を迎える．力不足であり，特にコンピュータの性能がまだ熟していなかった．ただ理論も研究もその後の雌伏の期間に着々と進んでいった．その後 20 数年，2000 年代に入り，ブームが三度目の復活を遂げる．これが，深層学習を旗印とする第 3 次 AI・ニューロブームである．特に，G. Hinton は神経回路を深層にすることで，性能が格段に上がると考えた．それ以前は 3 層でも神経回路は計算万能性を有するから，何も多層にすることもないと軽視されていたのである（ただし福島のネオコグニトロンは多層であった）．

Hinton は Google の研究陣を巻き込んで，深層の神経回路網を用いて画像認識コンテストで格段の成績で優勝し，ディープラーニング（深層学習）が勝利したことは，皆さんよくご存じであろう．特に，強化学習を取り入れて，囲碁で世界チャンピオンを打ち負かした出来事は衝撃的であった．かくして AI の分野では深層学習が大躍進を遂げ，AI 新時代が出現した．深層学習は確かに強力である．しかし，技術と工夫が先走って，コンピュータの腕力に頼り，理論の構築が遅れているように見える．例えば，学習で決めるパラメータ数を例題の数を超えて巨大にした時に何が起こるのか．この場合には例題に対する

“正解”は無数に存在する．そのうちのどれを選ぶことになるのか，どれを選ぶのが良いのか．さらに，例題にはない新しい入力に対しての誤差汎化誤差はどうなるのか，理論面がまだ整備されているとは言い難いのではなかろうか．工夫をこらして新しい技術を確立し，うまく行けばそれで良しとしてすませるわけにはいかないだろう．たしかに，昨今の新工夫には驚くべきものがある．本書は，私自身が抱くこうした疑問を明らかにすべく，読者と気軽に模索して考えを共有したいと企てたものである．

深層学習を基礎として使いながら，それを補強する多くのすばらしい工夫とアイデアが出現した．GAN（生成敵対的神経モデル）などは，深層回路網の弱点を明らかにすると同時に，画像などの生成技術に革命をもたらした．拡散生成モデルもすばらしい．それどころではない．フィードバック結合のある回路を用い，言語などの時系列を取り扱うモデルが登場し，機械翻訳などでこれまでにできなかった実用規模の成果を挙げる．これをフィードフォワード型に展開し，アテンションと呼ぶ機構を加えたトランスフォーマーがある．言語生成対話システムなどでも驚くほどの性能を示している．これは強力で，人の能力に近いかどうかさえ問題となっている．逆にいえば人間の理解とは何かが問われるようになった．

深層学習を基盤とする快進撃はまだまだ続くと思われるが，しかしこれはいずれ当たり前の実用技術となり，ブームは間もなく収束するかもしれない．ただ前のブームと異なり，これは実用技術として産業と社会の中枢を占めるようになる．この時，文明の大きな変革が起こっても不思議はない．

ただ，深層学習が AI のすべてではない．人間は記号を用い論理を使って文明を築いてきた．もちろんその背後には神経回路網があるが，意識のもとで言語と論理を用いて成し遂げたことは多く，社会と文明の基礎はここにある．これからの AI がこの仕組みを取り入れない筈はない．その時に記号と論理の AI と神経モデルの AI との真の統合がなされる．

4　AI 技術の将来

AI は人間を超えるのだろうか．もちろん深層学習だけではこれは不可能で，それは単なる一要素技術に過ぎない．チューリングは，チューリングテストなるものを考案し，人間がコンピュータと 10 分間質疑応答し，相手が人間であるのか機械であるのかを見破れなければ，これは人工知能として合格であるとした．同じテストを行い，相手に意識があるか否かを問うてみよう．いまの AI はこのレベルのテストには合格するだろう．すごいことではある．しかし，今の AI は意識を持たない．

AI は素晴らしい．機械翻訳を上手にやってみせるのみならず，意味の通る筋の通った文章を生成し，質疑応答ができる．驚くべきことは，それが意味を理解していないにもかかわらず，うまくできるということである．これは人間が理解するとはどういうことなのかという問いを我々に投げかける．幼児は言語を学習する．初めは意味も分からずオーム返しするのであろうが，だんだんと状況を把握し，意味が分かって応答できるようになる．AI もそうなるのだろうか．

人間は現象を観察し，そこに規則性を見出し，さらに概念を整理して体系化し，理論を築いた．天体の運動，地上の引力，これらを統合し，速度，加速度，質量，引力などの概念を整備し，それらの関係を表現するニュートン力学を築いた．量子力学，相対性理論，皆しかりである．我々は，こうした理論をもって現象の本質を理解したという．今の深層学習は，現象に潜む法則性を帰納し，未知のデータに対して解を予測することができる．しかし我々が本質的な理解と呼ぶものにこれで到達できるのだろうか．深層学習では無理であっても将来の AI ではどうであろう．Chat GPT はすばらしい知識を持っていて，質問に答え，対話ができる．しかし，自分の話を「理解」しているのかどうか，理解はつじつまの合う話をすることとは別問題である．

最近，コネクショニストメールで，興味深い意見が飛び交っている．Chat GTP に以下の質問をしたという．「私が地球の中心を抜けて反対側まで届く穴を掘ったとしましょう．今，ボールをこの穴の上で手離すとどうなりますか.」GPT は答える「重力があるので，ボールは加速しながら落下しますが，地球の中心に届くと重力の向きが反対になるので減速し，地球の反対側に届いたところで停止します．しかしまた重力によって穴を逆向きに落ちて，出発点に戻る筈です．ところが空気摩擦があるので，この振動は減衰し，ボールは停止するに至ります.」ここまでは素晴らしい洞察である．ところが，GPT はさらに付け加えて「停止する場所は，地球の反対側の穴の出口です.」といったという．

もう一つの例は，「8 の三乗根は有理数ですか？」という問いである．もちろん答えは 2 で有理数である．ところが GTP は，「無理数です．これは次のように証明できます」といって，証明を書いてきた．その証明は 2 の平方根は無理数であるという，ギリシャ時代の有名な証明を焼き直したもので，もちろん間違っている．GTP は論理の破たんを理解できなかった．もちろんこれは意地悪な一例であるがこのような例はいくらでも作れる．

ボールの問題に戻ろう．我々は，ボールの落下の方程式を解くまでもなく，最後の部分はおかしいと感じる．なぜ，入り口ではなくて出口で止まるのか？出口と入口の対称性はどうなる？ もちろん，止まるのは地球の中心である．だから GPT は多くの知識を総合して，一見もっともらしい答えを出すし，多くの場合それは正解である．しかし，GPT は知識を「理解」して総合するのではなくて，うまくつじつまが合うようにつなぎ合わせているだけである．もちろん，対話システムはさらに洗練されて，誤りも減るだろうが，あら探しはいくらでもできるだろう．

人間の理解も時に不完全である．しかし人間は意識を持ち，問題全体の構図を主体的に確認する．そこには問題を解く自分がいる．自分は世界観を持ち，その中に自己を位置づけ，意欲を持って問題を解く．ここには自己の意識，使命感，生きていることの認識がある．こころの働きである．心は人類の進化の過程で生まれてきた．一方，対話システムは，どの対話者に対しても相手に合わせる．ここには自己の信念があってはならない．膨大な知識と，これを繋ぐ整合性が要求されるだけで，理解は必要とされない．プーチンのような世界観を持つシステムが生まれたら困るからである．

これからの AI はどう発展していくのだろう．AI に現象のデータを与えて，そこから規則を法則として抽象する試みがあると聞く．その結果は人間の持つ法則とは違ったものになったという．また，二つの行列の掛け算を考えてみよう．2 行 2 列の二つの行列を掛けるには，2^3 個の乗算が必要に思える（加減算の数は無視する．n 次行列ならば，定義通りに計算すれば，n の 3 乗の乗算が必要である）．しかし，Strassen は半世紀も前に巧妙な工夫で足し算を組み合わせ，乗算だけなら 7 回で済む計算のアルゴリズムを発表して人々を驚かせた．n 次行列の掛け算は n の 3 乗より少ない掛け算で済む．4 次の行列の乗算も，Strassen の方法を組み合わせれば，49 回の乗算ですむ．では何回が最低必要なのか．多くの理論家の努力にもかかわらずこの理論はその後発展しなかった．Google のグループがこの問題に機械学習で取り組み，47 回の乗算ですむ新しいアルゴリズムを発見して，人々を驚かせた．人間の何十年にもわたる努力を凌駕したのである．AI は新しい発見をしたが，でも何を理解したのだろうか．

AI は人間の認識能力，理解能力を超え，人間不要で科学技術を推進する世界を築くのだろうか．2045 年にここに到達するというのが，技術的特異点と呼ばれる予測である．これには賛否両論がある．私はそのような事態は起こらないと思う．技術的特異点などあり得ない．人間は好奇心，探求心，向上心を持つ．人と協力し，知識を共有する喜びがある．これは心の働きで，永年の進化の過程で結果として生じたものである．この心が我々を支配し，意識を生み，人間社会と文明を築いた．AI は設計通りに働き，学習し，新しい発見をするだろう．しかしそこには好奇心や発見の喜びなど，人に備わった心の機能がない．私の知識は人工知能にははるかに劣るものの，私は世の中の仕組みを不十分ながらも体系的に理解し，その中で自己のアイデンティを確立していると意識している．これはまさに永年の進化の過程でしか生じなかった．もちろん，AI が自己を確立することが原理的に不可能であるとはいわない．ただ，現実的に人間はそのような AI は生み出さないというのである．

AI は新しい社会，新しい文明をもたらさずにはおかない．しかし，いまの AI 開発は，大企業や国家が資金を出し，好むと好まざるとにかかわらず，金もうけのタネとして競争が拡大している．軍事技術でもそうである．このままでは，社会の歪みが拡大し，貧富の格差が増大する一方である．人間社会はこれをいかに克服し，AI の恩恵を活用できるようになるのか，現代文明の在り方が問われている．文明は歴史上幾度も崩壊してきた．AI を活用する新しい文明，社会制度はどのようなものであるのか，そこでは個人の自由と万人の平等がどう実現されるのか，いま我々が問われている．

5　余談

ここ何年か，メールネットワーク "connectionists" で論争が沸騰している話題がもう一つある．Juergen Schmidhuber が表明した，AI の歴史とその是正である．事の起こりは，Hinton, Le Cun, Benjio の 3 者が，深層学習を発展させた功績で Turing 賞を受賞したことに始まる．Schmidhuber は怒った．何故俺が入らないのかという訳である．確かに Schmidhuber の功績は大きく，この 3 者に引けを取らない．彼は，受賞者三人はその講演，著作で，AI の歴史を無視し，多くの先行研究をないがしろにしていると非難した．

そこで，ビッグバンに始まり，太陽系の終焉に至る壮大な宇宙の歴史の中に AI を位置づけようとした．これはいささか誇大妄想気味である．彼とそのグループの業績は AI の中で燦然と光っている（それは事実である）のに，無視されているというのである．一方では，深層学習は微分を使うのだから，それなら Newton や Leibniz も引用すべきなのか，という議論までも惹き起こした．

この中で歴史の発掘が進み，私の確率勾配降下法，とくに 5 層神経回路によるシミュレーションが世界で最初の深層学習シミュレーションであると，取り上げられている．この他再帰結合の神経回路網の学習と連想記憶なども，Hopfield ではなくて甘利が最初であると言い切っている．私としては少しくすぐったいので，静観している．

参考文献

1) F. Rosenblatt, Principles of Neurodynamics, Spartan, 1961.
2) M. Minsky and S. Papert, Perceptron —An Essay in Computational Geometry, MIT Press, 1971.
3) H. Robbins and S. Monro, A stochastic approximation method. *Annals of Mathematical Statistics*, **22**, 400–407, 1951.
4) J. Kiefer and J. Wolfwitz, Stochastic estimation of the maximum of a regression function. *Annals of Mathematical Statistics*, **23**, 462–466, 1952.
5) Y.Z. Tsypkin, Adaptation, training and self-organization in automatic control systems. *Avtomatika I Telemekhanika*, **27**, 23–61, 1966.
6) 甘利俊一, 学習識別の理, 電子通信学会, オートマトンと自動制御研究会, 1966.
7) S. Amari, Theory of adaptive pattern classifiers. *IEEE Trans.*, EC-**16**, No.3, pp.299–307, 1967.（日本語版は 1966.）
8) Y.Z. Tsypkin, Adaptation and Learning in Automatic Systems, Academic Press, 1971.
9) D.E. Rumelhart, G. Hinton, R.J. Williams, Learning representations by back-propagating errors. *Nature* **323**: 533–536. doi:10.1038/323533a0.

第 1 章
層状のランダム結合神経回路

人工知能を先導する**深層学習**は，驚異の発展を遂げている．実用が先行して素晴らしい成果を挙げはしたものの，なぜそんなにうまくいくかを保証する理論は後れを取っている．しかるに近年になって，後付けながら理論が発展し始めた．

中でも驚いたのは**神経接核**（NTK, neural tangent kernel）**理論**である[1]．ここでは，深層回路の結合の初期値をランダムに選んだ回路では，可変学習パラメータ $\boldsymbol{\theta} = (\theta_1, \cdots, \theta_P)$ の数 P が十分に大きければ，どんな初期ランダム回路を選んでも，N 組の入出力関係（データ）$D = \{(\boldsymbol{x}_1, y_1), \cdots, (\boldsymbol{x}_N, y_N)\}$ を説明する正解はそのすぐ近くに存在するということが証明されている．

だがちょっと待てよ，ランダムに選んだ初期値の組は，パラメータ空間のいたるところに分布していて，どれもが違う．実際，平均 0 で独立な重みを選び，適当な正規化をすれば，初期値ベクトルは半径 1 の P 次元の球面上に一様に分布している．そのベクトルのどれを一つ取ってもその近くに正解があるとは，正解が球面上のいたるところに分布していることになる．何か変ではないか．しかし論文では数式を用いてこれを証明している．証明を追えば，私でも式は分かる．式は追えても心からは納得できない．納得がいくためには，自分で考えるしかない．

まず，**統計神経力学**から始めよう．ランダム結合の大規模神経回路網の理論である．これは，私とロシアの Rozonoer が 1969 年に始めた理論である[2,3]．本章では**ランダム神経回路網**による情報変換をわかり易く述べよう．まず初めに 1 層のランダム回路を調べる．ついで層を多数重ねたランダム結合の**深層神経回路網**を調べ，入力信号がランダム結合によって層を越えてどう変換されていくか，その力学を調べる．ここではニューロン数を層毎に変えてよい．たとえば層毎にニューロン数を増やしていけば，元の d 次元の信号はより高次元の空間にだんだんと埋め込まれることになるから，空間の自由度が増える．このとき，変換された信号の**計量**（長さ）や**曲率**が重要である．ここで主役を演じるのが，入力信号が層を上がるにつれてカオス的に複雑になる様子である．また，層を変える毎に新しい独立なランダム結合を導入するので，層を越えての結合は独立である．このため，相関が後に残ることはなく，いわゆる**平均場近似**が正当化される．逆にある層でニューロン数を前層のニューロン数より減らせば，信号の縮約が行われる．

1.1 1層のランダム神経回路網

まずは神経細胞（ニューロン）の数理モデルを述べる．d 次元の入力信号 $\boldsymbol{x} = (x_1, \cdots, x_d)$ を受け，1次元の出力信号 z を出す神経細胞を考える（図 1.1）．入力 $\boldsymbol{x}$ に対するニューロンの結合の重みを $\boldsymbol{w} = (w_1, \cdots, w_d)$ とすれば，ニューロンはまず入力の重み付き線形和を計算しそれにバイアス項 b を加える．（前章では $b = -h$ と書いた．）すなわち線形式

$$u = \sum w_i x_i + b = \boldsymbol{w} \cdot \boldsymbol{x} + b \tag{1.1}$$

を計算する．出力 y は u の単調増大の非線形関数（**活性化関数**）で，

$$y = \varphi(u) \tag{1.2}$$

となる．$\varphi(u)$ はたとえばシグモイド関数

$$\varphi(u) = \tanh(u) \tag{1.3}$$

であるが，最近では ReLU（Rectified Linear Unit）

$$\varphi(u) = \begin{cases} 0, & u \leq 0 \\ u, & u > 0 \end{cases} \tag{1.4}$$

が圧倒的に多く使われているらしい．いろいろな巨視的な量を陽に計算するには ReLU でもよいが，誤差積分関数

$$\varphi(u) = \frac{1}{\sqrt{2\pi}} \int_{-\infty}^{u} \exp\left\{-\frac{v^2}{2}\right\} dv \tag{1.5}$$

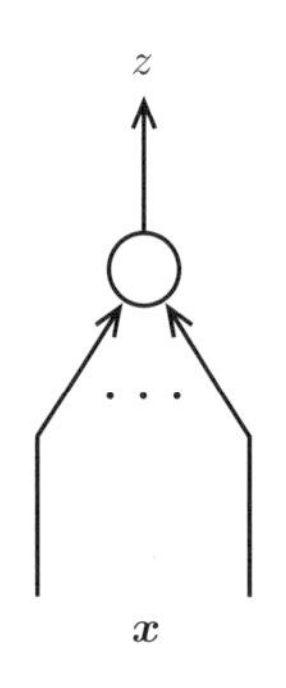

図 1.1　神経細胞のモデル．

を用いるのも理論上は便利である．

以降，話を簡単にするためにバイアス項 b を省略して書くことが多い．b はなくてよいということではない．これは重要であるが，必要ならいつもそれを復活して解析できるということである．

ランダムニューロンとは，w_i と b とをランダムな値に決めたものであり，確率分布として多くの場合平均 0 の独立なガウス分布が用いられる．d が十分に大きい場合を考えて，各重み w_i のガウス分布の分散を σ_w^2/d とする．すなわち w_i は

$$w_i \sim N\left(0, \frac{\sigma_w^2}{d}\right) \tag{1.6}$$

に従うとする．$N(\mu, \sigma^2)$ は平均 μ，分散 σ^2 のガウス分布を意味する．σ_w^2 は煩わしければ多くの場合 $\sigma_w^2 = 1$ と置いてしまおう．また，分散を d で割る理由は，(1.1) の u が d 個の項 $w_i x_i$ の和であるから，w_i を平均 0 で $1/\sqrt{d}$ のオーダーの乱数にしておけば d を大きくしてもこれは発散せず，中心極限定理によって d によらずにオーダー 1 の量になるからである．丁寧に言えば u は独立なガウス確率変数の和であるから，これまた平均 0，分散

$$\sigma_u^2 = \frac{\sigma_w^2}{d} \sum x_i^2 + \sigma_b^2 \tag{1.7}$$

のガウス分布である．ただしバイアスも考えるとき，b は平均 0，分散 σ_b^2 の正規分布に従うとした（w_i がガウス分布でなくても，中心極限定理によって，u はガウス分布に近づく）．

1.2 層状のランダム回路と活動度

ランダムニューロンを p 個並べて，その出力を $\boldsymbol{y} = (y_1, \cdots, y_p)$ としよう．i 番目のニューロンの重みベクトルを $\boldsymbol{w}_i = (w_{i1}, \cdots, w_{id})$，バイアスを b_i とすれば，

$$y_i = \varphi(u_i), \tag{1.8}$$

$$u_i = \boldsymbol{w}_i \cdot \boldsymbol{x} + b_i. \tag{1.9}$$

この層状回路は入力 $\boldsymbol{x}$ を出力 $\boldsymbol{y}$ に変換する（図 1.2）．

回路の動作はランダムに定められたパラメータ $\boldsymbol{\theta} = (\boldsymbol{w}_i, b_i\ ;\ i = 1, \cdots, p)$ によるから，ランダムに定めた回路一つ一つ，例えば $\boldsymbol{\theta}$ と別の $\boldsymbol{\theta}'$ では違う．これはすべてのニューロンを見る微視的な動作である．しかし，これらの回路は同じ確率分布に従って選ばれているから，そこには何か共通する性質がある．これを探るには $\boldsymbol{x}$ と $\boldsymbol{y}$ の関係を個々に見てもダメで，**巨視的な量**を探らなければならない．このようなアプローチは，気体の力学で多数の粒子がランダムに運動して衝突を繰り返すときに，個々の粒子の位置や速度は無視して，

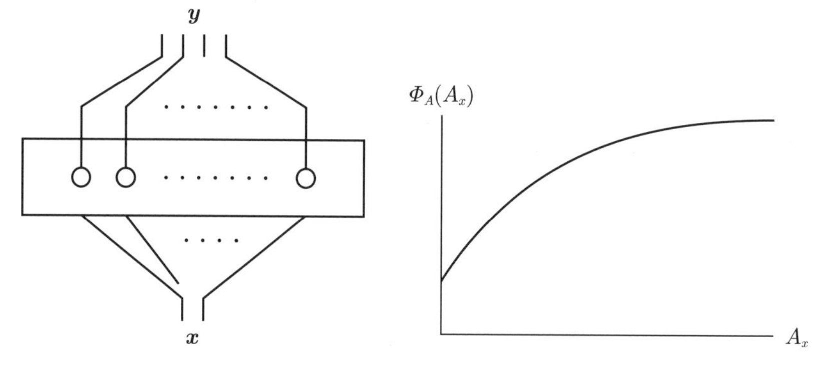

図 1.2　層状の神経回路.

図 1.3　活動度の変換.

全体のなす温度，圧力，エントロピーなどの巨視的な量に着目してその関係を探る統計力学の手法である．

我々の層状回路は気体の力学に比べればずっと簡単である．ここでの巨視的な量とは何だろう．たとえば，入力については個々の x_i の値ではなくて，入力全体の平均的な強さ

$$A_x = \frac{1}{d}\sum x_i^2 \tag{1.10}$$

を考えてみよう．これは入力 $\boldsymbol{x}$ の**活動度**である．同様に出力の活動度は

$$A_y = \frac{1}{p}\sum y_i^2 \tag{1.11}$$

となる．

A_x の強さの入力 $\boldsymbol{x}$ が入ったときに，出力 $\boldsymbol{y}$ の活動度はどうなるかを見よう．A_y は p 個の独立で同一の分布を持つ確率変数

$$y_i^2 = \{\varphi(u_i)\}^2, \quad i = 1, \cdots, p \tag{1.12}$$

の平均値である．y_i は異なる重み $\boldsymbol{w}_i$ を用いるので互いに独立で，p が十分に大きければ，大数の法則によって，期待値

$$A_y = \mathrm{E}\left[\{\varphi(u_i)\}^2\right] \tag{1.13}$$

に収束する．ところが u_i は，個々の $\boldsymbol{x}$ ではなく A_x のみによる平均 0，分散

$$\sigma_u^2 = A_x\sigma_w^2 + \sigma_b^2 \tag{1.14}$$

のガウス分布である．そこで，平均 0，分散 σ_u^2 のガウス分布を用いた $\{\varphi(u)\}^2$ の期待値を

$$\Phi_A(A_x) = \mathrm{E}\left[\{\varphi(u)\}^2\right] = \int \frac{1}{\sqrt{2\pi}\sigma_u}\{\varphi(u)\}^2 \exp\left\{-\frac{u^2}{2\sigma_u^2}\right\} du \tag{1.15}$$

とすれば，

$$A_y = \Phi_A(A_x) \tag{1.16}$$

という，活動度の変換法則が得られる．

これを見れば，ランダム回路の個々をとればその動作は全く違うものの，活動度に関してはほとんどすべてのランダム回路について (1.16) が共通に成立している．出力関数 φ を与えれば Φ_A は具体的に計算することができる．例えば，誤差積分関数 (1.5) の φ を用いれば，

$$\Phi_A(A_x) = \frac{1}{2\pi}\cos^{-1}\left(\frac{-\left(\sigma_w^2 A_x + \sigma_b^2\right)}{1 + \sigma_w^2 A_x + \sigma_b^2}\right) \tag{1.17}$$

のようになる．図 1.3 に示すように，Φ_A は A_x の単調増加関数である．

でも活動度だけではつまらない．それならば二つの入力ベクトル $\boldsymbol{x}, \boldsymbol{x}'$ を考え，その**重なり**を

$$C_x(\boldsymbol{x}, \boldsymbol{x}') = \frac{1}{d}\boldsymbol{x}\cdot\boldsymbol{x}' \tag{1.18}$$

と書こう．$\boldsymbol{x}$ を入力したときの出力を $\boldsymbol{y}$，$\boldsymbol{x}'$ を入力したときの出力を $\boldsymbol{y}'$ とすれば，二つの出力の重なりは

$$C_y(\boldsymbol{y}, \boldsymbol{y}') = \frac{1}{p}\boldsymbol{y}\cdot\boldsymbol{y}' \tag{1.19}$$

である．このとき

$$C_y = \Phi_C(C_x) \tag{1.20}$$

のような関係が成立する（後で導出する）．これも巨視的な量といえる．

二つの入力（出力）の間の**距離**（の二乗）を

$$D_x(\boldsymbol{x}, \boldsymbol{x}') = \frac{1}{d}\left|\boldsymbol{x} - \boldsymbol{x}'\right|^2, \tag{1.21}$$

$$D_y(\boldsymbol{y}, \boldsymbol{y}') = \frac{1}{p}\left|\boldsymbol{y} - \boldsymbol{y}'\right|^2 \tag{1.22}$$

で定義しよう．入力の距離は

$$D_x(\boldsymbol{x}, \boldsymbol{x}') = A_x + A_{x'} - 2C_x(\boldsymbol{x}, \boldsymbol{x}') \tag{1.23}$$

のように書けるから，活動度が一定ならば重なりを別の見方で見たものである．出力の距離に関しても，(1.20) からわかるように

$$D_y = \Phi_D(D_x, A_x) \tag{1.24}$$

が成立する．

C もしくは D は巨視的な量であって，次に計算するがほとんどすべてのランダム回路について，法則 (1.20), (1.24) が共通に成立する．この法則は，二

つの異なる入力の間の相関（距離）が，層状の回路を用いた変換によってどう変わるかということと，これが個々の回路によらずに定まる巨視的な法則であることを述べている．

1.3 巨視的な関係

回路全体の集合を S としよう．これはランダム変数からなるパラメータを $\boldsymbol{\theta}=(\boldsymbol{w}_i, b_i\,;\, i=1,\cdots,p)$ とすれば，$\boldsymbol{\theta}$ を座標系とする空間 $S=\{\boldsymbol{\theta}\}$ である．これをランダム回路網の集合または**アンサンブル**と呼ぶ．正確には，S は $p(\boldsymbol{\theta})$ という確率測度を持っている．ここで，回路の個々の動作を指定する微視的な量（$\boldsymbol{x}$ とか $\boldsymbol{y}$ である）の関数 $M(\boldsymbol{x})$，もしくは $M(\boldsymbol{x},\boldsymbol{x}')$ があって，入力と出力の間にある法則

$$M(\boldsymbol{y})=\Phi\{M(\boldsymbol{x})\} \tag{1.25}$$

などが，アンサンブル上のほとんどすべての回路について，素子数 p を無限大にすれば成立するとき，M を巨視的な量と呼び，(1.25) を**巨視的な関係**と呼ぶ．このとき，巨視的な関係が任意に小さい誤差 ε 以内で成立する確率が，p を大きくすれば 1 に近づく．活動度や相関が巨視的な量である．この他にも，次節で述べるように計量や曲率などがある．

1.4 距離（重なり）の法則の計算

重なりの法則を具体的に計算してみよう．二つの入力 $\boldsymbol{x},\boldsymbol{x}'$ に対してニューロンの線形和 u,u' はそれぞれ

$$u_i=\boldsymbol{w}_i\cdot\boldsymbol{x}+b_i, \tag{1.26}$$

$$u_i'=\boldsymbol{w}_i\cdot\boldsymbol{x}'+b_i \tag{1.27}$$

のように書ける．これらは平均 0 のガウス分布に従うが，同じ重みを用いるため相関がある．共分散を計算すれば，どの i についても

$$\sigma_{uu'}^2=\mathrm{E}\left[u_iu_i'\right]=\sigma_w^2C_x+\sigma_b^2 \tag{1.28}$$

となる．u,u' はどの i についても同一で独立な相関のあるガウス分布に従う．すなわち，(u,u') は平均 0，分散行列 Σ，つまり

$$\Sigma=\begin{pmatrix}\mathrm{E}\left[u^2\right] & \mathrm{E}\left[uu'\right]\\ \mathrm{E}\left[uu'\right] & \mathrm{E}\left[u'^2\right]\end{pmatrix}=\begin{pmatrix}\sigma_w^2A+\sigma_b^2, & \sigma_w^2C+\sigma_b^2\\ \sigma_w^2C+\sigma_b^2, & \sigma_w^2A'+\sigma_b^2\end{pmatrix} \tag{1.29}$$

のガウス分布

$$p\left(u, u'\right)=\frac{1}{2\pi|\Sigma|} \exp \left\{-\frac{1}{2}\left(u, u'\right) \Sigma^{-1}\left(u, u'\right)^{T}\right\} \tag{1.30}$$

である（^{T} は転置を表す）．

二つの出力の重なりは (1.19) より，大数の法則を用いれば

$$C_y\left(\boldsymbol{y}, \boldsymbol{y}'\right)=\mathrm{E}\left[\varphi(u) \varphi\left(u'\right)\right]=\Phi_C\left(A, A', C_x\right) \tag{1.31}$$

となり，二つの入力の活動度 A, A' およびその重なりの C_x の関数 Φ_C となる．いま，A, A' を一定とすれば，関数は単調増加関数である．A は自分自身との重なりであるから，活動度の遷移法則もまとめて，重なりの法則に統一してもよい．すなわち，A と C をまとめて行列

$$\mathbf{M}_x=\left[\begin{array}{cc} A(\boldsymbol{x}) & C\left(\boldsymbol{x}, \boldsymbol{x}'\right) \\ C(\boldsymbol{x}, \boldsymbol{x}') & A(\boldsymbol{x}') \end{array}\right], \tag{1.32}$$

と書くと，層状の回路は入力の巨視変数 $\mathbf{M}_x$ から Σ を計算し，Σ の関数として $\mathbf{M}_y$ を求めている．

関数 Φ_C の具体的な形を求めようとすれば，これは出力関数 φ に依存する．例えば，出力関数が ReLU だったり，誤差積分関数だったりする場合には，陽に求めることができる．これはよい演習問題であるが，議論の本筋から見ればどうでもよい．

距離の法則はこれより得られる．A を一定とすれば，Φ_D はやはり単調増加関数である．本連載では，主に信号がアナログの場合を扱うのであるが，2 値の離散の場合でも同様な議論ができる．歴史的には 2 値の場合が初めに求められた[4]．

1.5 微小距離の拡大率

二つの微小に違った入力 $\boldsymbol{x}$ と $\boldsymbol{x}+d\boldsymbol{x}$ を考えよう．その違いは距離の二乗

$$ds^2=d\boldsymbol{x} \cdot d\boldsymbol{x} \tag{1.33}$$

で測ればよい．この二つの入力が回路に入れば，出力はそれぞれ $\boldsymbol{y}$, $\boldsymbol{y}+d\boldsymbol{y}$ になる．$d\boldsymbol{y}$ は

$$d\boldsymbol{y}=\frac{\partial \boldsymbol{y}(\boldsymbol{x})}{\partial \boldsymbol{x}} d\boldsymbol{x} \tag{1.34}$$

で与えられる．$\boldsymbol{x}$ から $\boldsymbol{y}$ への変換の Jacobi 行列 $\mathbf{X}=\left(X_i^j\right)$ は

$$X_i^j=\frac{\partial y_j}{\partial x_i}=\varphi'\left(u_j\right) w_{ji} \tag{1.35}$$

であるから

$$dy = \mathbf{X}dx \tag{1.36}$$

と書ける．

入力空間 S_x での dx の長さの二乗は

$$ds_x^2 = dx \cdot dx, \tag{1.37}$$

出力空間での長さの二乗は

$$ds_y^2 = dy \cdot dy. \tag{1.38}$$

これを計算すれば

$$ds_y^2 = dx^T \left(\mathbf{X}^T\mathbf{X}\right) dx = \sum_{i,j,k} \{\varphi'(u_i)\}^2 w_{ij} w_{ik} dx_j dx_k \tag{1.39}$$

と書ける．上式の右辺の i についての和であるが，各項は各 i について独立で同一の分布に従うから，大数の法則によって，期待値で置き換えて

$$p\mathrm{E}\left[\{\varphi'(u_i)\}^2 w_{ij} w_{ik}\right] \tag{1.40}$$

としてよい．ところで，u_i は多数 $w_{i1}, \cdots, w_{id}$ の重みつき和で，特定の w_{ij} との相関は小さい．そこで，$\varphi'(u_i)$ は個々の $w_{ij}w_{ik}$ とはほぼ独立と見なせるから，期待値を二つの項に分けて

$$p\mathrm{E}\left[\{\varphi'(u)\}^2\right] \mathrm{E}\left[w_{ij} w_{ik}\right] = \sigma_w^2 \mathrm{E}\left[\{\varphi'(u_i)\}^2\right] \delta_{jk} \tag{1.41}$$

とする．

$$\chi = \sigma_w^2 \mathrm{E}\left[\{\varphi'(u_i)\}^2\right] \tag{1.42}$$

と置けば

$$ds_y^2 = \chi ds_x^2, \tag{1.43}$$

χ は距離の二乗の拡大率である．

χ は出力関数 $\varphi(u)$ を与えれば計算できる．例えば φ が誤差積分関数であれば

$$\chi = \frac{\sigma_w^2}{2\pi} \frac{\sigma_w^2 A + \sigma_b^2}{\sqrt{1 + (\sigma_w^2 A + \sigma_b^2)}} \tag{1.44}$$

のようになる．ReLU ならば

$$\chi = \frac{\sigma_w^2}{2} \tag{1.45}$$

である．

微小距離の法則は，$D(x, x')$ の公式 (1.24) から $x' = x + dx$ と置いて直接出すこともできる．しかし，これは後の章で述べるように信号空間の計量構造

の変換を規定するので上のように導出しておいたほうがよい．多層回路は層を重ねるので，$\chi < 1$ ならば ds^2 は 0 に収束，$\chi > 1$ ならば発散で，各層で $\chi \approx 1$ のときが後に述べるようにカオス的になり，この場合が情報処理に有用である．

参考文献

1) A. Jacot, F. Gabriel and C. Hongler, Neural tangent kernel: Convergence and generalization in neural networks, NIPS, 2018.
2) 甘利俊一, ランダム閾素子回路の基本特性, 電気通信学会オートマトン研究会資料, A69-55, pp.1–11, 1966 年 11 月.
S. Amari, Characteristics of randomly connected threshold-element networks and network systems. *Proc. IEEE.*, Vol.**59**, No.1, pp.35–47, January 1971.
3) L.I. Rozonoer, Random logical nets, I, II, III. *Avtomatika I Telemekhanica*, Nos. 5, 6, 7; 137–147, 99–109, 127–136, 1969.
4) S. Amari, A method of statistical neurodynamics. *Kybernetik*, vol.**14**, pp.201–215, 1974.

第 2 章

深層ランダム神経回路による信号変換

2.1 多層神経回路網の信号変換

多層ランダム神経回路網とは，図 2.1 に示すように，ランダム回路を多層に積み上げたものである．層は $l=1$ から L 層まであるとし，第 l 層のニューロンの数を p_l とする．l 層への入力信号 $\overset{l-1}{\boldsymbol{x}}$ は $l-1$ 層からの出力信号である．このとき，l 層のニューロンの結合の重み $\overset{l}{w}_{ij}$ は，すべて平均 0 のガウス分布に従い，独立に定められるものとする．第 l 層の入出力関係を書けば，

$$\overset{l}{\boldsymbol{x}} = \varphi\left(\overset{l}{\boldsymbol{u}}\right), \tag{2.1}$$

$$\overset{l}{\boldsymbol{u}} = \overset{l}{\mathbf{W}}\overset{l-1}{\boldsymbol{x}} + \overset{l}{\boldsymbol{b}} \tag{2.2}$$

であり，$\overset{l}{\mathbf{W}} = \left(\overset{l}{w}_{ij}\ ;\ i=1,\cdots,p_l,\ j=1,\cdots,p_{l-1}\right)$．$\overset{l}{\boldsymbol{u}}$ の成分 $\overset{l}{u}_i$ は第 l 層への入力の線形和であり，$\overset{l-1}{\boldsymbol{x}}$ を与えられたものとすれば，互いに独立でどのニューロン i でも同じでガウス分布に従う．実は $\overset{l-1}{\boldsymbol{x}}$ は前の層の重み $\overset{l-1}{\mathbf{W}}$ などに依存している．しかし，これは $\overset{l}{\mathbf{W}}$ とは独立であるから，相関は断ち切れている．とはいえ，$\overset{l-1}{\boldsymbol{x}}$ がそれ以前の $\overset{l-1}{\mathbf{W}}$，$\overset{l-2}{\mathbf{W}}, \cdots$ などを共通に含むため，その影響が薄くではあるが残っている．だから相関を断ち切る平均場近似を用いる．回路への入力は $\overset{0}{\boldsymbol{x}}$ から始まり，順に層を経て最後の層 L の出力 $\overset{L}{\boldsymbol{x}}$ に至る．

ここからの出力を線形和で集めた

$$y = \boldsymbol{v} \cdot \overset{L}{\boldsymbol{x}} = \sum v_i \overset{L}{x}_i \tag{2.3}$$

が，最終出力である．ここで，出力ニューロンは簡単のため 1 個とした（多数の場合に拡張することは容易である）．y は最終層のニューロンと重み $\boldsymbol{v} = (v_1, \cdots, v_{p_L})$ でつながっていて，線形である．重み v_i も平均 0，分散 σ_v^2/p_L の独立なガウス分布に従う．ここではバイアス項は考えない．深層回路では，このように信号 $\overset{0}{\boldsymbol{x}}$ の前向きの変換により最後の出力 y に至る．これでどんな

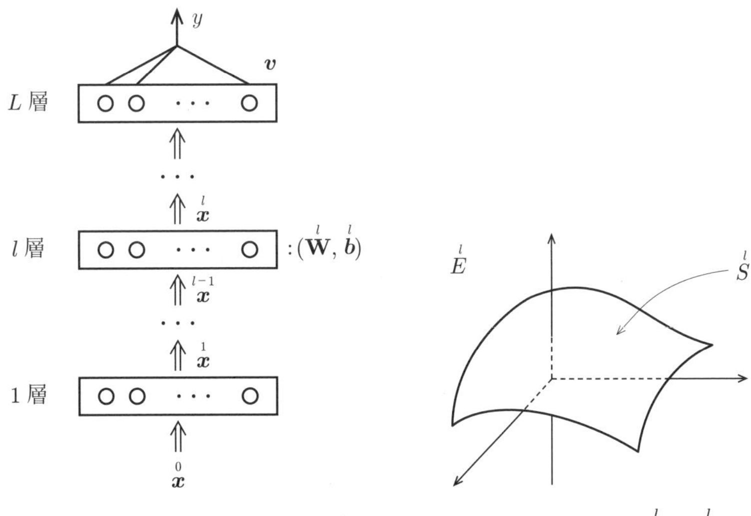

図 2.1　層状の神経回路網.

図 2.2　信号空間 $\overset{l}{S} \subset \overset{l}{E}$.

変換が行われていくのかを考える．学習は，出力信号 y が望ましいものではなかった場合に，そのときの誤差信号を回路を逆向きに伝搬して，各層での重みを学習で変更する．後の章で学習の様相を詳しく調べる．

$p_0 = d$ 次元の信号 $\overset{0}{\boldsymbol{x}}$ から出発して，信号は層を経るごとに，順次 $\overset{1}{\boldsymbol{x}}, \cdots, \overset{L}{\boldsymbol{x}}$ へと変わっていく．まず，$p_0 \leq p_1 \leq \cdots \leq p_L$ の場合を考える．初期信号 $\overset{0}{\boldsymbol{x}}$ の空間を $\overset{0}{S}$ としよう．層状の回路では各層の次元が違ってよいから，信号 $\overset{l-1}{\boldsymbol{x}}$ は p_{l-1} 次元の空間 $\overset{l-1}{E}$ に入っているが，その中で $p_0 = d$ 次元の曲がった部分空間 $\overset{l-1}{S}$ をなす．次はこれが p_l 次元の空間 $\overset{l}{E}$ 内の信号 $\overset{l}{\boldsymbol{x}}$ に写され，同じく d 次元の曲部分空間 $\overset{l}{S}$ をなす（図 2.2）．入力信号の変換は個々のランダム回路で異なるが，巨視的な量はどのランダム回路でも同じ法則に従う．$p_l \geq p_{l-1}$ だから，空間 $\overset{l-1}{S}$ が空間 $\overset{l}{S}$ に変わり，これはより次元の高い（もしくは等しい）$\overset{l}{E}$ に部分空間として含まれている．ただ，変換は非線形であるから，これはさらに曲がった部分空間になる．ニューロン数が $p_0 < \cdots < p_L$ と順次大きくなっていくなら，初期信号は $\overset{0}{S}$ に入り，これが変換されて $\overset{l}{S}$ に含まれるから，その次元は p_0 のままである．しかし高次元の空間に入っているから，$\overset{l}{\boldsymbol{x}}$ のなす部分空間 $\overset{l}{S}$ の計量や曲率が問題になる．高次元空間を使えば，いろいろと複雑なことができる．一方，ある l で $p_l < p_{l-1}$ であれば，空間 $\overset{l-1}{E}$ はより次元の低い空間 $\overset{l}{E}$ に写像されるから，空間は折りたたまれて**情報縮約**が起こる．これにより無駄に複雑な情報がなくなるかもしれない．

まずは前章のおさらいで，空間の巨視的な量である活動度

$$\overset{l}{A} = \frac{1}{p_l} \overset{l}{\boldsymbol{x}} \cdot \overset{l}{\boldsymbol{x}} \tag{2.4}$$

と 2 点 $\boldsymbol{x}, \boldsymbol{x}'$ の間の重なり

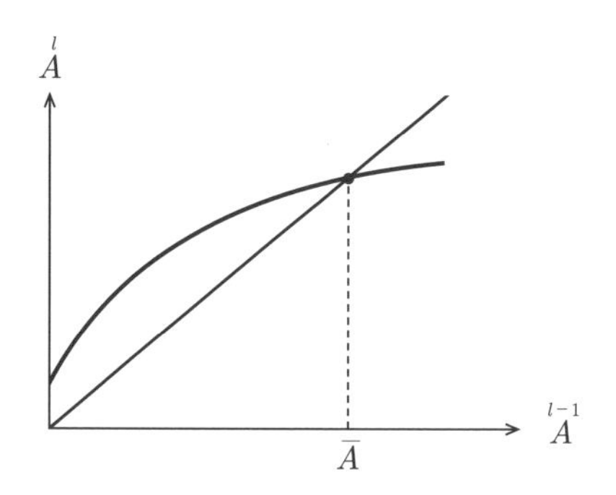

図 2.3　活動度の安定平衡状態 $\bar{A}$.

$$\overset{l}{C}(\boldsymbol{x}, \boldsymbol{x}') = \frac{1}{p_l} \overset{l}{\boldsymbol{x}} \cdot \overset{l}{\boldsymbol{x}}{}' \tag{2.5}$$

のダイナミクスを記しておこう．距離 $\overset{l}{D}(\boldsymbol{x}, \boldsymbol{x}')$ の遷移法則は $\overset{l}{A}$ と $\overset{l}{C}$ の法則から得られる．平均場近似を用いると，これらは

$$\overset{l}{A} = \Phi_A\left(\overset{l-1}{A}\right), \quad \overset{l}{A}{}' = \Phi_A\left(\overset{l-1}{A}{}'\right), \tag{2.6}$$

$$\overset{l}{C}(\boldsymbol{x}, \boldsymbol{x}') = \Phi_C\left\{\overset{l-1}{C}, \overset{l-1}{A}, \overset{l-1}{A}{}'\right\} \tag{2.7}$$

のようなダイナミクスにしたがう．ここで，状態遷移関数は

$$\Phi_A = \mathrm{E}\left[\{\varphi(u)\}^2 \,\middle|\, u \sim N\left(0, \sigma_w^2 \overset{l}{A} + \sigma_b^2\right)\right], \tag{2.8}$$

$$\Phi_C = \mathrm{E}\left[\varphi(u)\varphi(u') \,\middle|\, \begin{pmatrix} u \\ u' \end{pmatrix} \sim N\left(0, \overset{l-1}{\boldsymbol{\Sigma}}\right)\right], \tag{2.9}$$

$$\overset{l-1}{\boldsymbol{\Sigma}} = \begin{pmatrix} \mathrm{E}\left[u^2\right] & \mathrm{E}\left[uu'\right] \\ \mathrm{E}\left[uu'\right] & \mathrm{E}\left[u'^2\right] \end{pmatrix} \tag{2.10}$$

のように書けた．ただし添字 l, i などを省いた．l 層の出力のマクロな状態を $\overset{l}{M} = \left(\overset{l}{A}, \overset{l}{C}\right)$ とすれば，これは $\overset{l-1}{\boldsymbol{\Sigma}}$ から定まる．$\overset{l-1}{\boldsymbol{\Sigma}}$ は $\overset{l-1}{M}$ から定まる．

活動度 $\overset{l}{A}$ の発展法則を見ると，図 2.3 に見るようにこれは安定平衡状態 $\bar{A} = \Phi_A\left(\bar{A}\right)$ を持ち，ここに急速に近づく．だから，距離の法則では，簡単のため，A, A' は共に $\bar{A}$ に等しいとして議論することもある．2 点 $\overset{l}{\boldsymbol{x}}, \overset{l}{\boldsymbol{x}}{}'$ の距離の二乗は

$$C\left(\overset{l}{\boldsymbol{x}}, \overset{l}{\boldsymbol{x}}{}'\right) = \overset{l}{A} + \overset{l}{A}{}' - 2D\left(\overset{l}{\boldsymbol{x}}, \overset{l}{\boldsymbol{x}}{}'\right) \tag{2.11}$$

から得られ，$\bar{A}$ が一定であれば

$$\overset{l}{D} = \Phi_D\left(\overset{l-1}{D}\right) \tag{2.12}$$

のように書ける．距離の遷移法則 Φ_D は単調増加関数で上限が決まっていて，

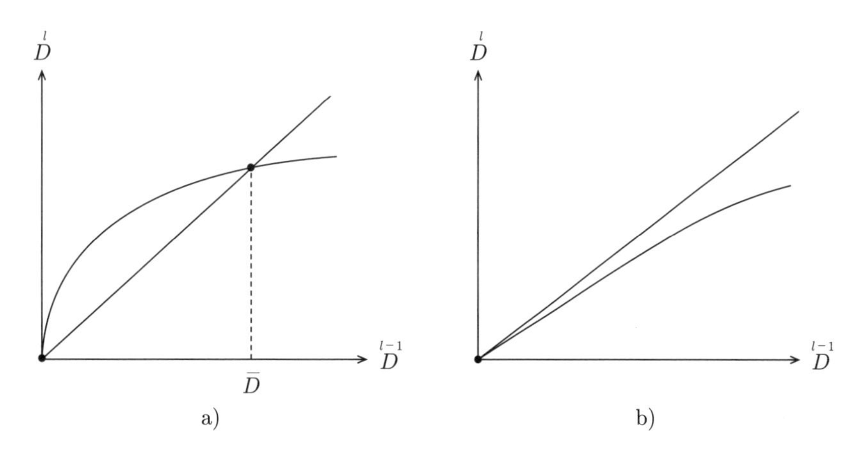

図 2.4　距離 D のダイナミクス．a) 安定平衡状態 $\bar{D}$．b) 安定平衡状態 $\bar{D}=0$．

原点を通る．それには図 2.4 に示すように二つの場合がある．すなわち微小距離 $d\overset{l}{s}{}^2$ の拡大率

$$\overset{l}{\chi} = \Phi'_D(0) = \overset{l}{\sigma}{}^2_w \mathrm{E}\left[\left\{\varphi'\left(\overset{l}{u}\right)\right\}^2\right] \tag{2.13}$$

が 1 より大きいか小さいかによって違っている．もし，すべての層の拡大率 $\overset{l}{\chi}$ が同じであれば，活動度のダイナミクス (2.12) は，l を十分に大きくしていくと，平衡状態に収束する．図 2.4 a) の $\chi > 1$ の場合は，原点 0 は不安定平衡状態であってダイナミクスは

$$\bar{D} = \Phi_D\left(\bar{D}\right) \tag{2.14}$$

を満たす安定平衡状態 $\bar{D}$ に素早く収束する．つまり，異なる入力，$\boldsymbol{x}, \boldsymbol{x}'$ は，最終層では $\overset{L}{D}(\boldsymbol{x}, \boldsymbol{x}') = \bar{D}$ となる．一方，図 2.4 b) の $\chi < 1$ の場合は $\bar{D} = 0$ が唯一の安定平衡状態であって，どの 2 点の距離も 0 に収束する．この場合はどの信号も同じものに収束し，L が大きくなれば意味のある情報処理はできない．

2.2　状態空間の縮退

これまで，層を経るごとにニューロン数が増える $p_1 < \cdots < p_L$ の場合を主として想定して議論してきた．後の計量や曲率の計算でもこの仮定は使うが，l 層でニューロン数が減る $p_l < p_{l-1}$ の場合にも触れておく．入力信号 $\overset{0}{\boldsymbol{x}}$ の空間 $\overset{0}{S}$ は，$l-1$ 層の出力 $\overset{l-1}{\boldsymbol{x}}$ になるとき，p_{l-1} 次元の空間 $\overset{l-1}{E}$ に曲がった d 次元部分空間 $\overset{l-1}{S}$ として挿入されている．これが l 層に写ると，**次元の縮約**が起こる．いま，l 層の結合の行列を

$$\overset{l}{\mathbf{W}} = \left(\overset{l}{w}_{ij}\right) \tag{2.15}$$

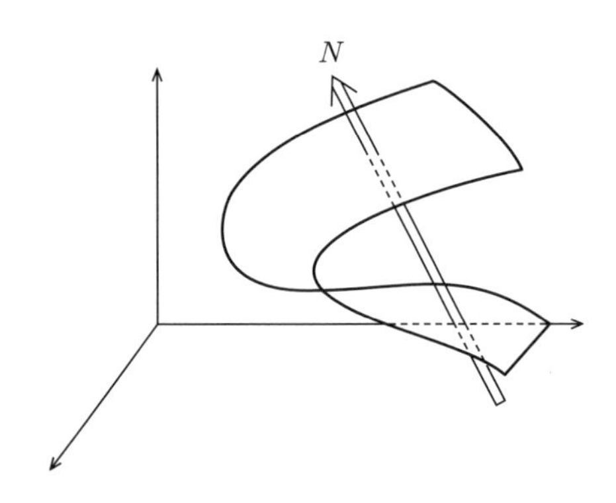

図 2.5　情報の縮約.

とすれば，これは $p_l \times p_{l-1}$ 行列であり，

$$N = \left\{ \boldsymbol{n} \middle| \overset{l}{\mathbf{W}}\boldsymbol{n} = 0 \right\} \tag{2.16}$$

を満たす**零部分空間** N が存在する．N は $p_{l-1} - p_l$ 次元の線形部分空間である．

$l-1$ 層での二つの状態 $\overset{l-1}{\boldsymbol{x}}$ と $\overset{l-1}{\boldsymbol{x}}{}'$ が

$$\overset{l-1}{\boldsymbol{x}} - \overset{l-1}{\boldsymbol{x}}{}' \in N \tag{2.17}$$

を満たすとき，

$$\overset{l-1}{\mathbf{W}}\boldsymbol{x} = \overset{l-1}{\mathbf{W}}\boldsymbol{x}', \tag{2.18}$$

だからこの 2 点は同じ $\overset{l}{\boldsymbol{x}}$ に写る．つまり，空間 $\overset{l-1}{S}$ は $\overset{l}{E}$ の中で N 方向に沿って圧縮される．図 2.5 に見るように，$\overset{l}{S}$ が $\overset{l}{E}$ の中で折れ曲がっていれば，この射影によって折れ曲がった部分にある 2 点が同じ点に射影される．つまり**状態の縮約**が起こる．

この縮約によって何が起こるのか，これを調べなければならないが，その研究は私がさぼっていることもあって進んでいない．正確に言えば，どう解析すればよいか，その方法がわからないからである．いささか情けない．

2.3　信号空間の変換—計量の法則

図 2.1 でも明らかなように，深層回路網は入力空間の信号 $\overset{0}{\boldsymbol{x}}$ を非線形に変換し，$\overset{1}{\boldsymbol{x}}, \cdots, \overset{l}{\boldsymbol{x}}$ を経て最終層 $\overset{L}{\boldsymbol{x}}$ に至る．各層での信号 $\overset{l}{\boldsymbol{x}}$ の空間を $\overset{l}{S}$ としよう．また，ここでは各層のニューロンの数 p_l が同じか順次大きくなっていく，すなわち

$$p_0 \leq p_1 \leq \cdots \leq p_L \tag{2.19}$$

となる場合を検討する．

各層での信号の空間 $\overset{l}{S}$ を含む $\overset{l}{E}$ は p_l 次元ユークリッド空間であるとする．また最初の信号空間 $\overset{0}{S}$ はユークリッド空間であるとし，変換 (2.1), (2.2) によって，これが $\overset{l}{S}$ の中に写される．変換は非線形であるから，φ が滑らかな非線形関数であれば，$\overset{0}{S}$ は $\overset{l}{E}$ の中では曲がった p_l 次元曲面 $\overset{l}{S}$ に写される（図 2.2)．$\overset{l}{E}$ の次元は順次高くなっていくが，曲面 $\overset{l}{S}$ は元の $p_0 = d$ 次元のままである．

層を経る変換によって，2 点間の距離が変わっていく．これを微視的に見て，極めて近い 2 点の距離がどう変わるかを調べよう．$\overset{0}{S}$ はユークリッド空間であり，点 $\boldsymbol{x}$ を座標で書けば

$$\boldsymbol{x} = \sum_a x_a \boldsymbol{e}_a \tag{2.20}$$

である．入力を $\overset{0}{\boldsymbol{x}}$ と書いたほうが良いかもしれないが，わずらわしいので ^{0} を省く．ここで正規直交座標系 $\boldsymbol{x} = (x_1, \cdots, x_{p_0})$ を用い，座標 x_a に沿った基底ベクトルを $\boldsymbol{e}_a\,(a = 1, \cdots, p_0)$ とした．近くにある 2 点 $\boldsymbol{x}$ と $\boldsymbol{x} + d\boldsymbol{x}$ を結ぶ微小ベクトルは

$$d\boldsymbol{x} = \sum dx_a \boldsymbol{e}_a \tag{2.21}$$

で表される．第 l 層ではこの微小ベクトルは

$$d\overset{l}{\boldsymbol{x}} = \frac{\partial \overset{l}{\boldsymbol{x}}}{\partial \boldsymbol{x}} d\boldsymbol{x} \tag{2.22}$$

となる．$\overset{l}{\boldsymbol{x}}$ は層を順にたどるが，l 層での変換の Jacobi 行列 $\overset{l}{\mathbf{X}} = \left(\overset{l}{X}_{ij}\right)$,

$$\overset{l}{\mathbf{X}} = \frac{\partial \overset{l}{\boldsymbol{x}}}{\partial \overset{l-1}{\boldsymbol{x}}}, \tag{2.23}$$

を用いれば

$$d\overset{l}{\boldsymbol{x}} = \overset{l}{\mathbf{X}} d \overset{l-1}{\boldsymbol{x}} \tag{2.24}$$

のように順に写される．まとめれば

$$\overset{l}{\mathbf{X}}{}^* = \overset{l}{\mathbf{X}} \cdots \overset{1}{\mathbf{X}} \tag{2.25}$$

として，

$$d\overset{l}{\boldsymbol{x}} = \overset{l}{\mathbf{X}}{}^* d\boldsymbol{x}. \tag{2.26}$$

信号空間 $\overset{0}{S}$ で a 番目の座標軸に沿った単位（接）ベクトル $\boldsymbol{e}_a$ は，第 a 成分が 1 で他の成分は 0 のベクトルであり，$\overset{l}{S}$ ではこれが $\overset{l}{E}$ のベクトル

$$\overset{l}{\boldsymbol{e}}_a = \left(X^{*1}_{\ a}, \cdots, X^{*p_l}_{\ a}\right), \tag{2.27}$$

ただし，$\overset{l}{X}{}^{*i}_{\ a}$ は行列 $\overset{l}{\mathbf{X}}{}^{*}$ の (i,a) 成分である．$\overset{l}{S}$ 微小線素 $d\overset{l}{\boldsymbol{x}}$ の長さの二乗は

$$d\overset{l}{s}{}^2 = d\overset{l}{x} \cdot d\overset{l}{x} = \sum_{i,a,b} \overset{l}{X}{}^{*i}_{\ a} \overset{l}{X}{}^{*i}_{\ b} dx_a dx_b \tag{2.28}$$

であるから，

$$\overset{l}{g}_{ab} = \overset{l}{\boldsymbol{e}}_a \cdot \overset{l}{\boldsymbol{e}}_b = \sum_{i} \overset{l}{X}{}^{*i}_{\ a} \overset{l}{X}{}^{*i}_{\ b} \tag{2.29}$$

と置けば，これは

$$d\overset{l}{s}{}^2 = \sum \overset{l}{g}_{ab} dx_a dx_b \tag{2.30}$$

のように 2 次形式で書ける．入力空間 $\overset{0}{S}$ での $d\boldsymbol{x}$ の距離の二乗を，第 l 層に行きついたときのそこでの距離の二乗を用いて定義するのがこの計量で，行列 $\overset{l}{\mathbf{g}} = \left(\overset{l}{g}_{ab}\right)$ は l 層に準拠した**リーマン計量行列**と呼ばれる．

計量 $\overset{l}{\mathbf{g}}$ を求めよう．$l-1$ 層での線素 $d\overset{l-1}{\boldsymbol{x}}$ は l 層での線素 $d\overset{l}{\boldsymbol{x}}$ に写るが，関係

$$d\overset{l}{\boldsymbol{x}} = \overset{l}{\mathbf{X}} d\overset{l-1}{\boldsymbol{x}} \tag{2.31}$$

は成分で書いて

$$d\overset{l}{x}_i = \sum \overset{l}{X}_{ij} d\overset{l-1}{x}_j \tag{2.32}$$

となる．ここで，対角行列

$$\overset{l}{\mathbf{D}} = \overset{l}{\Phi}{}'\left(\overset{l-1}{\boldsymbol{u}}\right) = \operatorname{diag}\left(\varphi'\left(\overset{l-1}{u}_i\right)\right) \tag{2.33}$$

を導入すれば，ベクトル–行列記法で

$$\overset{l}{\mathbf{X}} = \overset{l}{\mathbf{D}}\overset{l}{\mathbf{W}} \tag{2.34}$$

と書いてもよい．

$d\overset{l}{\boldsymbol{x}}$ の長さの二乗は

$$d\overset{l}{s}{}^2 = d\overset{l-1}{\boldsymbol{x}}{}^T \mathbf{X}^T \mathbf{X} d\overset{l-1}{\boldsymbol{x}} = \sum \overset{l}{X}{}^i_j \overset{l}{X}{}^i_k d\overset{l-1}{x}_j d\overset{l-1}{x}_k. \tag{2.35}$$

ここで，大数の法則を使って $\mathbf{X}^T\mathbf{X}$ を計算する．$\overset{l}{X}{}^i_j$ は $i = 1, \cdots, p_l$ のすべてが独立で同一の分布に従うとして和を期待値で置き換えて

$$\overset{l}{\mathbf{X}}{}^T \overset{l}{\mathbf{X}} = p_l \mathrm{E}\left[\left\{\varphi'\left(\overset{l}{u}_i\right)\right\}^2 \overset{l}{w}_{ij} \overset{l}{w}_{ik}\right] \tag{2.36}$$

となる．ところが $\varphi'\left(\overset{l}{u}_i\right)$ の中の $\overset{l}{u}_i$ は $\overset{l}{w}_{ij}$ に関係している．そこで，後の w_{ij} の項とこの項を分離して

$$p_l \sum_i \mathrm{E}\left[\left\{\varphi'\left(\overset{l}{u}_i\right)\right\}^2\right] \mathrm{E}\left[\overset{l}{w}_{ij}\overset{l}{w}_{ik}\right] \tag{2.37}$$

とできたらよいなと思うだろう．$\overset{l}{u}_i$ の中には多数の $\overset{l}{w}_{ij}$ が和で含まれていて，個々の $\overset{l}{w}_{ij}$ との関係性が薄められている．だからこの $\overset{l}{u}_i$ と $\overset{l}{w}_{ij}$ の相関を断ち切って，上式のようにしてよいと考えたくなる．物理では，この種の近似を**平均場近似**と称する．しかし，我々の場合では，p_l が十分に大きければこれはちゃんと成立することが証明できる．これを示しておこう．

簡単のため添字 l と i を省略して

$$A = \mathrm{E}\left[k(u)w_j w_k\right], \tag{2.38}$$

$$u = \sum w_i x_i, \quad k(u) = \left\{\varphi'(u)\right\}^2 \tag{2.39}$$

を考える．

$$\hat{u} = \sum_{i \neq j,k} w_i x_i \tag{2.40}$$

とすれば，テイラー展開して

$$k(u) = k\left(\hat{u} + w_j x_j + w_k x_k\right) \tag{2.41}$$

$$= k\left(\hat{u}\right) + k'\left(\hat{u}\right)\left(w_j x_j + w_k x_k\right). \tag{2.42}$$

ここで

$$A = \mathrm{E}\left[k\left(\hat{u}\right) w_j w_k\right] + \mathrm{E}\left[k'\left(\hat{u}\right)\left(w_j x_j + w_k x_k\right) w_j w_k\right]. \tag{2.43}$$

$\hat{u}$ は w_j, w_k とは独立だから

$$A = \mathrm{E}\left[k\left(\hat{u}\right)\right] \mathrm{E}\left[w_j w_k\right] \tag{2.44}$$

と分離できる．さらに $\mathrm{E}\left[k\left(\hat{u}\right)\right]$ は再び $\hat{u}$ をテイラー展開すればわかるように漸近的に $\mathrm{E}[k(u)]$ に等しいから，上式が証明される．

$$\overset{l}{\chi}(\boldsymbol{x}) = \sigma_l^2 \mathrm{E}\left[\left\{\varphi'\left(\overset{l}{u}_i\right)\right\}^2\right], \quad \sigma_l^2 = \sigma_{w_l}^2 \overset{l}{A} + \sigma_b^2 \tag{2.45}$$

と置けば

$$d\overset{l}{s}{}^2 = \overset{l}{\chi} d\overset{l-1}{s}{}^2 \tag{2.46}$$

が得られた．$\overset{l}{\chi}$ は $\overset{l}{A}(\boldsymbol{x})$ を通じて $\boldsymbol{x}$ に依存するから，層が進めば $\overset{l}{A}(\boldsymbol{x}) = \bar{A}$ に収束するので，多くの場合 $\boldsymbol{x}$ を無視してよい．これを続ければ，

$$\overset{l}{\sigma} = \overset{l}{\chi} \cdots \overset{1}{\chi} \tag{2.47}$$

とおいて，次の定理が成立する．

定理 2.1 計量の変換法則

$$\overset{l}{g}_{ab} = \overset{l}{\sigma}\overset{0}{g}_{ab}, \tag{2.48}$$

$$d\overset{l}{s}{}^2 = \overset{l}{\sigma}(\boldsymbol{x})d\overset{0}{s}{}^2. \tag{2.49}$$

一般に，空間の計量 g が

$$\tilde{g}_{ab}(\boldsymbol{x}) = \sigma(\boldsymbol{x})g_{ab}(\boldsymbol{x}) \tag{2.50}$$

のような形で変換されるとき，これを**共形変換**という．共形変換は，線素 ds の長さを変えるが，二つの直交する線素は変換後も直交している．つまり，接空間の形を変えずに等方的に拡大，縮小，回転するだけである．だから $\overset{l-1}{S}$ から $\overset{l}{S}$ への変換でも，局所的に見れば等方的な拡大，縮小と，局所的な回転変形が行われるのみである．これが深層信号変換の特徴である．

(2.46) からわかるように $\overset{l}{\chi}$ は微小線素 $d\overset{l}{s}{}^2$ の拡大率である．だからこれは $\overset{l}{\boldsymbol{x}}$ のダイナミクスの **Lyapnov 指数**で，$\overset{l}{\chi} > 1$ もしくはその積の，$\overset{l}{\sigma} > 1$ ならば，カオスダイナミクスになる．このとき，$\overset{l}{S}$ は $\overset{l}{E}$ の中で高度に曲がっていて，入力 $\boldsymbol{x}$ の微小な差異を拡大するから表現力が強い．$\overset{l}{\sigma} \approx 1$ の**カオスの縁**で有用な情報処理が行えることが示される．

2.4 曲率のダイナミクス

層を経るごとに生ずる計量の変換を見た．長さが局所的に変わるから，空間は当然曲がってくる．どう曲がるかを直接に見たい．それを示すのが曲率テンソルと接続の係数である．しかし，ここで微分幾何に深入りすることは避け，骨子だけを示そう．詳細は文献 2) にある．

l 層での信号空間 $\overset{l}{S}$ が $\overset{l}{E}$ の中でどのように曲がっているかは，入力信号空間 $\overset{0}{S}$ での基底ベクトル（接ベクトル）$\boldsymbol{e}_a$ たちが，$\overset{l}{S}$ の中で場所によってどう変わっていくかを調べればよい．まっすぐなユークリッド空間では，基底ベクトル $\boldsymbol{e}_a$ はどの $\boldsymbol{x}$ 点でも同じで変化しない．$\overset{l}{S}$ での信号点 $\boldsymbol{x}$ での基底ベクトル $\overset{l}{\boldsymbol{e}}_a$ は，点 $\boldsymbol{x}$ が b 軸方向（$\overset{l}{\boldsymbol{e}}_b$ 方向）へ少しだけ変わったときに，$\overset{l}{\boldsymbol{e}}_a + d\overset{l}{\boldsymbol{e}}_a$ に変わったとしよう（図 2.6）．

これは $\overset{l}{\boldsymbol{e}}_a$ の $\overset{l}{\boldsymbol{e}}_b$ 方向への微分（これを ∂_b と書く；$\partial_b = \partial/\partial x_b$ で，x_b は入力信号の座標）

$$\overset{l}{\boldsymbol{H}}_{ab} = \frac{\partial \overset{l}{\boldsymbol{e}}_a}{\partial x_b} = \partial_b \overset{l}{\boldsymbol{e}}_a \tag{2.51}$$

で表される．$\overset{l}{\boldsymbol{e}}_a$ は $\overset{l}{E}$ 内のベクトルで，成分で書けば

$$\overset{l}{X}_{ai} = \frac{\partial \overset{l}{x}_i}{\partial x_a}. \tag{2.52}$$

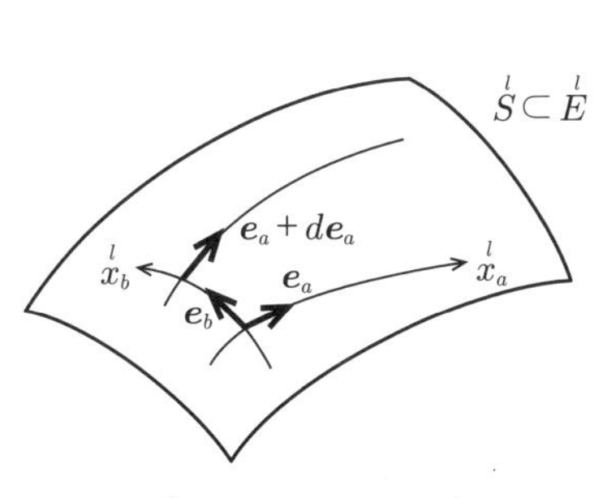

図 2.6 $\overset{l}{S}$ で座標軸 $\overset{0}{\boldsymbol{x}}_a$ は $\overset{l}{S}$ 内では $\overset{l}{\boldsymbol{x}}_a$ になり曲がってくる．

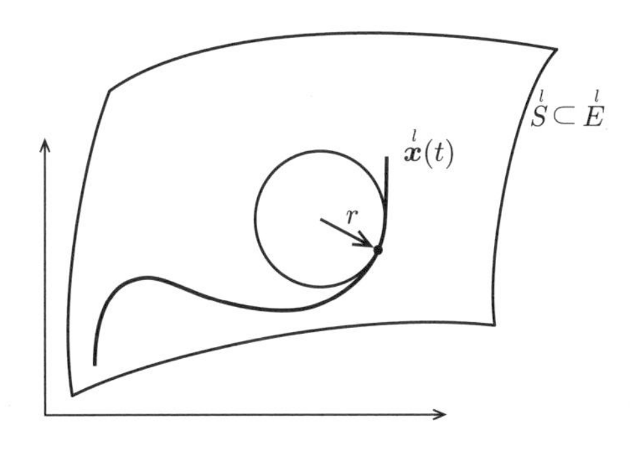

図 2.7 曲率 γ は各点での内接円の半径の逆数．

その変化は，これもまた $\overset{l}{E}$ 内のベクトルであるから，成分 i を用いて

$$\partial_b \overset{l}{\boldsymbol{e}}_a = \left(\overset{l}{H}_{ab}{}^{i} \right) = \left(\partial_b \overset{l}{X}_{ai} \right) \tag{2.53}$$

と書こう．これが空間の曲がり具合を表す．詳しく言うと，$\overset{l}{E}$ のベクトル $\overset{l}{\boldsymbol{H}}_{ab}$ の $\overset{l}{S}$ に直交する方向の成分が，多次元の方向にはみ出す曲率（**外部曲率**とか **Euler–Schouten 曲率**と呼ばれ，$\overset{l}{S}$ の接空間に直交する）である．では $\overset{l}{\boldsymbol{H}}_{ab}$ の $\overset{l}{S}$ の面内（接空間内）の成分は，実は座標軸 x_a が $\overset{l}{E}$ 内でどう曲がっていくかを示す量で**アファイン接続の係数**と呼ばれ，座標軸の曲がりを表す．

曲率 $\overset{l}{\boldsymbol{H}}_{ab}$ ではなくて，その大きさ

$$\left| \overset{l}{\boldsymbol{H}}_{ab} \right|^2 = \sum_i \overset{l}{H}_{abi}{}^2 \tag{2.54}$$

に着目しよう．すると大数の法則が使える．これを用いて前節と同じように計算すると，その漸化式が

$$\left| \overset{l}{H}_{ab} \right|^2 = \chi_1 \left| \overset{l-1}{H}_{ab} \right|^2 + \frac{c}{p_l} \chi_2 \tag{2.55}$$

のような形で得られる[2]．ここで，c は定数で，$\varphi(u)$ の 2 階微分 $\partial_a \partial_b \varphi\left(\overset{l}{u}\right)$ の項が新しく登場し，それを

$$\chi_2 = \overset{l}{\sigma}{}^2_w \mathrm{E}\left[\varphi''(u)^2\right] \tag{2.56}$$

とおいた（添字 $l, u^l{}_i$ の i などを簡単のため省いている）．

$$\chi_1 = \overset{l}{\sigma}{}^2_w \mathrm{E}\left[\varphi'(u)^2\right] \tag{2.57}$$

は長さの拡大率であった（前節は単に χ と書いた）．だから (2.55) 式は曲率の大きさについての漸化式で，第 1 項は $l-1$ 層での曲率が χ_1 倍されて l 層に伝わると同時に，$l-1$ 層から l 層への変換で新たに χ_2 の項が創出されることを意味する．χ_2 は φ の 2 階微分 φ'' の大きさに関係するから，これが曲がり

具合を示すことはうなずける．詳細については文献 2) を参照.

ここでは，$\overset{l}{S}$ の座標軸の曲がりをすべてまとめて，一つのスカラーにしたスカラー曲率

$$\overset{l}{\gamma}{}^2 = \sum_{i,a,b,c,d} \overset{l}{H}_{ab}{}^i \overset{l}{H}_{cd}{}^i \overset{l}{g}{}^{ac} \overset{l}{g}{}^{bd} \tag{2.58}$$

に着目しよう．

ここで $\left(\overset{l}{g}{}^{ac}\right)$ などは計量 $\left(\overset{l}{g}{}_{ac}\right)$ の逆行列である．曲率 γ の意味は曲線 $\boldsymbol{x}(t)$ を考えるとわかりやすい．曲線 $\boldsymbol{x}(t)$ が図 2.7 のようであるときに，その上の 1 点で内接円を考えると，曲線の曲率は内接円の半径 r の逆数で

$$\gamma = \frac{1}{r} \tag{2.59}$$

である．$\boldsymbol{x}(t)$ が曲がっていなければ $\gamma = 0$ になる．

$\overset{l}{\gamma}$ は漸化式

$$\overset{l}{\gamma}{}^2 = \left(\frac{1}{\overset{l-1}{\chi_1}}\right) \overset{l-1}{\gamma}{}^2 + \left(\frac{3}{p_l\left(\overset{l-1}{\chi_1}{}^2\right)}\right) \overset{l-1}{\chi_2} \tag{2.60}$$

に従うことが計算で出てくる．(2.60) 式の右辺第 2 項は曲率の創出項で $1/p_l$ のオーダーだからこれは小さい．しかし，層を経るごとに積もっていく．χ_2 はほぼ一定として，

$$\overset{l}{\sigma} = \prod_{s=1}^{l} \overset{s}{\chi} > 1 \tag{2.61}$$

なら $\overset{l}{\gamma}{}^2$ は，$\overset{l}{\sigma}> 1$ として漸近的に

$$\overset{l}{\gamma}{}^2 = \frac{3\chi_2}{p_l \overset{l}{\sigma} (\overset{l}{\sigma} - 1)}. \tag{2.62}$$

$\overset{l}{\sigma}< 1$ ならば l が大きくなるにつれ $\overset{l}{S}$ は 1 点に縮小していくが，このときぐちゃぐちゃに曲がりながら縮小するので $\gamma \to \infty$ となる．

さて $\gamma \gg 1$ ならば曲率は小さいが，$\sigma \approx 1$ の**カオスの縁**で，大きく曲がることがわかる．これが情報処理に有用なのである．図 2.8 に，入力の 1 次元の曲

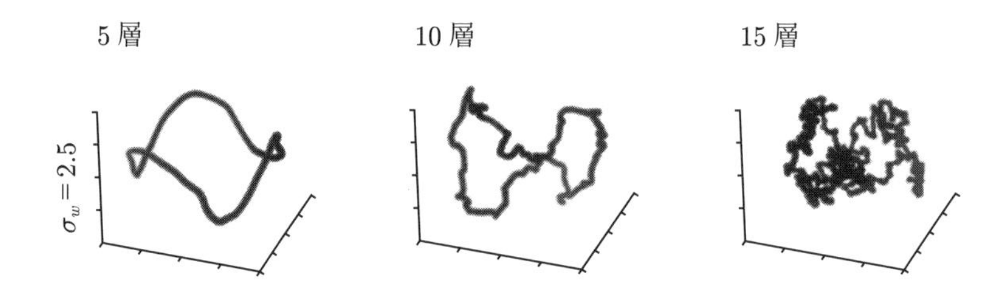

図 2.8　層 l が増えるにつれ曲率は発展する[1].

線がどう曲がりくねるか，Poole らのシミュレーションの例[1)]を示す．

2.5 多層回路における信号空間の変換：素子数 $\boldsymbol{p}$ の効果

前節までに，層状の大規模ランダム回路における信号空間の変換の幾何学を論じた．特に計量の変換でこれが共形変換になることを見た．これに関しては実は疑問が次から次へと湧いてくる．話を簡単にするために，入力と出力の次元は等しく p で，しかも入力信号 $\boldsymbol{x}$ は初めから定常活動度 $\bar{A}$ の上に乗っているとしよう．このとき，前に信号の長さの拡大率とした $\chi_1\left(\bar{A}\right)$ は一定値を取るから定数で，変換後の長さで測った信号空間 S の計量は

$$g_{ij} = \chi_1 \delta_{ij} \tag{2.63}$$

のように変換される．これは p が十分に大きいときの話である．しかし，この結果出てくるものは，層状変換はユークリッド計量をユークリッド計量に写すだけのことで，曲率など非線形の効果は現れない．現に，計量 g_{ij} のアファイン接続の係数 Γ_{ijk} を調べればこれは 0 になってしまう．だから空間は曲がらず，これでは変換の本質を捉えられない．だから p は大きいとしても，無限大ではないときの効果が問題なのである．

空間の曲率にも触れた．出力層のニューロン数が入力の次元よりも大きい場合，信号空間は高次元の空間に埋め込まれ，ここで曲率が生じる（図 2.9）．入力と出力の次元の等しい今の場合，高次元にはみ出すことができないので，空間内で座標軸が曲がって曲線座標系となり，ここに非零のアファイン接続の係数が現れ，これが座標系の曲がり方を示す（図 2.10）．しかし，曲率の発生は p の高次の項であり，極めて小さかった．ただ，層を重ねて変換を何回も繰り返せばこれが蓄積して無視できない大きさになるから，この項は必要である．

しかし計量の計算のときには $1/p$ の項は無視して計算した．その結果はもちろんそれなりに正しく，共形変換など信号空間がどのように写されていくかの情報を与える．しかし $p \to \infty$ としてしまえば，座標系の曲がりは出てこない．後の節で p を ∞ とした神経場でこのことを確かめる．ここではまず信号空間

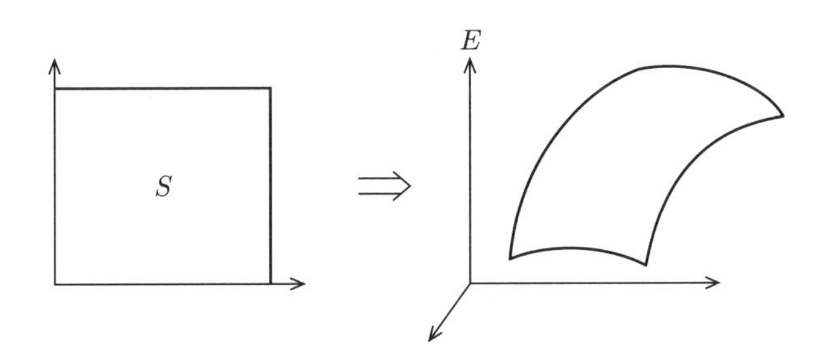

図 2.9　信号空間 S を E に埋め込む．

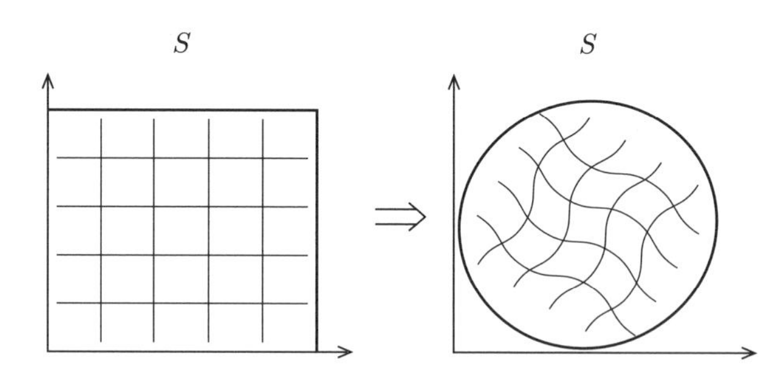

図 2.10　同一空間で座標軸が変わる．

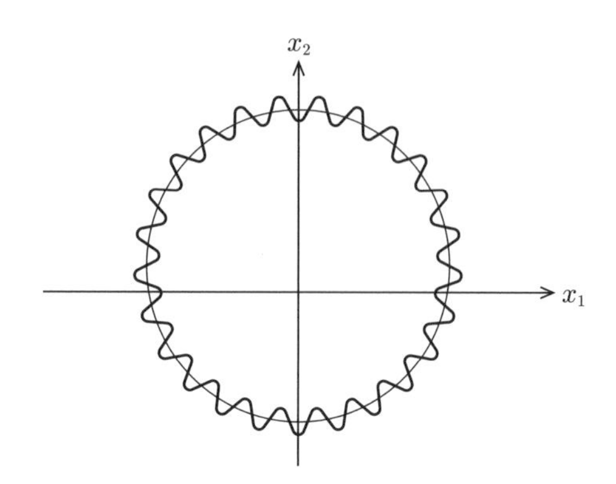

図 2.11　$\bar{A}$ 一定の円が曲がりくねる．

の変換の直感的なイメージを示しておこう．$p=3$ の場合，入力信号の空間は

$$\frac{1}{3}\sum_i x_i^2 = \bar{A} \tag{2.64}$$

を満たす球の表面にあり，2 次元である．変換の後に $\chi_1 > 1$ であれば，2 つの微小信号 $\boldsymbol{x}$ と $\boldsymbol{x}+d\boldsymbol{x}$ の間の距離は χ_1 倍に拡大する．この場合，実は活動度 $\bar{A}$ は一定のままではなく，$1/p$ のオーダーのゆらぎを伴い，出力の活動度のゆらぎにより $\bar{A}$ と $d\bar{A}$ の薄い幅を持って分布する．このとき，図 2.11 に示すように dA の幅の間で信号が曲がりくねった曲面に写像されれば，微小線素の長さは拡大し，共形変換が実現しても不思議ではない．$\chi_1 < 1$ の場合は縮小するが，それでも信号空間はほんの少し曲がりくねる．

これを確かめるためには，計量 g_{ij} を $1/p$ のオーダーまで計算しないといけない．以下にこれを実行しよう．計量行列の要素は，

$$g_{ij} = \sum_k \varphi'\left(u_k\right)^2 w_{ki}w_{kj} \tag{2.65}$$

で与えられた．これは各 k について独立で同一の分布に従う p 個の項の和であるから，大数の法則を使えば，オーダ $1/\sqrt{p}$ のゆらぎの項を無視して，期待値で置き換えて，

$$g_{ij} = p\,\mathrm{E}\left[\varphi'\left(u_k\right)^2 w_{ki}w_{kj}\right] \tag{2.66}$$

を計算する．

以前の計算では，$\varphi'(u_k)^2$ と $w_{ki}w_{kj}$ は漸近的に独立であるとして，これを

$$\mathrm{E}\left[\varphi'(u_k)^2\right]\mathrm{E}\left[w_{ki}w_{kj}\right] \tag{2.67}$$

で置き換え，

$$g_{ij} = \chi_1\delta_{ij} \tag{2.68}$$

を得た．

しかし，$\varphi'(u_k)$ の中の u_k は w_{ki} と w_{kj} を含んでいるため，微小とはいえ相関がある．前には省略したこの項をしっかりと評価しよう．それには u_k を 2 つの項に分け，

$$u_k = \hat{u}_k + w_{ki}x_i + w_{kj}x_j, \tag{2.69}$$

$$\hat{u}_k = \sum_{m\neq i,j} w_{km}x_m, \tag{2.70}$$

と分解し

$$\Delta w_k = w_{ki}x_i + w_{kj}x_j \tag{2.71}$$

と置く．さらに

$$\varphi'(u_k) = \varphi'(\hat{u}_k) + \varphi''(u_k)\,\Delta w_k \tag{2.72}$$

とテイラー展開する．$\varphi'(\hat{u}_k)$ は $w_{ki}w_{kj}$ と独立である．

$$\varphi'(u_k)^2\,w_{ki}w_{kj} \tag{2.73}$$

$$= \left\{\varphi'(\hat{u}_k)^2 + 2\varphi'(u_k)\,\varphi''(u_k)\,\Delta w_k + \varphi''(u_k)^2\,\Delta w_k^2\right\}w_{ki}w_{kj} \tag{2.74}$$

のように 3 つの項の和が得られる．第 1 の項を A_1 と置こう．これはオーダー 1 の項で，前はこれのみを用いた．第 3 の項 A_3 はオーダー $1/p$ であり，第 2 の項 A_2 は w_{ki} らの 3 次の項で，これはオーダーがさらに落ちるので省略できる．

第 1 の項の計算から始めよう．この項の期待値は

$$A_1 = \mathrm{E}\left[\varphi'(\hat{u}_k)^2\right]\mathrm{E}\left[w_{ki}w_{kj}\right] \tag{2.75}$$

のように書ける．ここで $\varphi'(\hat{u}_k)^2$ が出てくるが，これを (2.72) を用いて再び u_k の項に戻せば，

$$\mathrm{E}\left[\varphi'(\hat{u}_k)^2\right] \tag{2.76}$$

$$= \mathrm{E}\left[\varphi'(u_k)^2\right] - 2\mathrm{E}\left[\varphi'\varphi''\Delta w_k\right] + \mathrm{E}\left[\varphi''(u_k)^2(\Delta w_k)^2\right], \tag{2.77}$$

$$\mathrm{E}\left[(\Delta w_k)^2\right] = \frac{1}{p}\sigma_w^2\left[x_i^2 + x_j^2 + 2x_i x_j \delta_{ij}\right]. \tag{2.78}$$

これより

$$A_1 = \chi_1 \delta_{ij} + \sigma_w^2 \chi_2 \left(x_i^2 + x_j^2 + 2x_i x_j \delta_{ij}\right) \tag{2.79}$$

が得られる．

次いで，第 3 の項を計算する．

$$A_3 = \mathrm{E}\left[\varphi''(u_k)^2\right]\mathrm{E}\left[(\Delta w_k)^2 w_{ki} w_{kj}\right] \tag{2.80}$$

であり，

$$\chi_2 = \sigma_w^2 \mathrm{E}\left[\varphi''(u_k)^2\right] \tag{2.81}$$

であったから，この項は注意して計算して

$$A_3 = \frac{2\sigma_w^2 \chi_2}{p^2} x_i x_j (1 - 5\delta_{ij}) \tag{2.82}$$

である．これらをまとめて，計量 g_{ij} の漸近評価式

$$g_{ij}(\boldsymbol{x}) = \chi_1 \delta_{ij} + \frac{\sigma_w^2 \chi_2}{p}\left\{(x_i + x_j)^2 - 4x_i x_j \delta_{ij}\right\} \tag{2.83}$$

が得られた．これは $1/p$ の項を含むが，それは χ_2 に関係している．これが曲率項の起源であり，$\varphi(u)$ の非線形性に関係した重要な量であった．さらに，この評価は大数の法則を用いているため，オーダー $1/\sqrt{p}$ の平均 0 の確率的なゆらぎを伴うことを認めなくてはいけない．オーダー 1 の項は $\boldsymbol{x}$ に依らず，ユークリッド計量の共形変換を与える．しかし $\boldsymbol{x}$ に依存する微小な χ_2 の項があり，これが変換に伴う微小な曲がりを与える．層を重ねれば，この効果が蓄積されていく．

一つ一つの深層回路は，ランダムな w_{ij} の実現値であるから，それらは法則 (2.83) に従って計量を与えるものの，それは平均評価で，一つ一つはさらにオーダー $1/\sqrt{p}$ のランダムな変動項の実現値であることに注意を要する．

これを用いれば，アファイン接続の係数 Γ_{ijk} を計算できる．アファイン接続の係数は，信号空間の基底 $\boldsymbol{e}_j$ が変換後に $\tilde{\boldsymbol{e}}_j$ になるとすると，それがどのように曲がっているかを示し，$\langle \partial_i \tilde{\boldsymbol{e}}_j, \tilde{\boldsymbol{e}}_k \rangle$ の $\tilde{\boldsymbol{e}}_k$ 方向の成分

$$\Gamma_{ijk} = \langle \partial_i \tilde{\boldsymbol{e}}_j, \tilde{\boldsymbol{e}}_k \rangle \tag{2.84}$$

で与えられる．これは

$$\Gamma_{ijk} = \frac{1}{2}\left(\partial_i g_{jk} + \partial_j g_{ik} - \partial_k g_{ij}\right), \tag{2.85}$$

$$\partial_i = \frac{\partial}{\partial x_i} \tag{2.86}$$

で計量から計算できるから，ゆらぎを無視した平均評価で

$$\Gamma_{kkk} = \Gamma_{kij} = 0, \quad (k \neq i, j), \tag{2.87}$$

$$\Gamma_{kii} = 0, \quad (k \neq i), \tag{2.88}$$

$$\Gamma_{kkj} = x_k + x_j, \quad (k \neq j) \tag{2.89}$$

となる．これは $\boldsymbol{x}$ に依存していて，座標軸 x_i が変換によってどう曲がるかを示す量である．座標軸の曲がり方の評価が前にやった曲率項 γ^2 で示された．これは Γ_{ijk} の成分の二乗から計算できる項である．

深層回路網で素子数が入力の次元よりも大きい場合は，空間はより高次元に埋め込まれるため，高次元空間方向への曲がりによるうねりが容易に理解できる．だから，ここではより厳しい入出力の次元が等しい場合を扱い，これでも空間の座標系が曲がりくねることを確かめた．これで信号変換に伴う空間のゆがみの実態が少し明らかになった．これはもっと精密に研究する必要がある興味深い研究課題であるが，今の私の手に余る．

2.6 素子数無限大の層状神経回路

素子数 p が十分に大きいとして，**漸近理論**を展開してきた．でも，p が大きいなら初めから無限大にすれば，ランダム結合 w_{ij} の大きさは $1/\sqrt{p}$ のオーダーであったから，これらは皆 0 に収束してしまい，無限大にするにはそもそも無理がある．p は有限で大きいという漸近論が必要である．p が十分に大きいならランダムなどといわず，初めから無限大にしてしまえというアイデアが浮かぶ．これが村田の構想であり[3]，園田と村田によって精密に議論された[4,5]．最近の発展は園田[6]に詳しい．これを簡単に紹介しておこう．

まず，話を簡単にするため，x を 1 次元とし，$w \in \boldsymbol{R}$ によって定まる関数 $f_w(x) = \varphi(wx)$ を考える（図 2.12）．これを x の関数とみれば，w に応じて連続無限個の関数を考えることになる．関数 $f(x)$ が与えられたとき，適当な係数となる関数 $v(w)$ を選んで，$\varphi(wx)$ の一次結合でこの関数を，

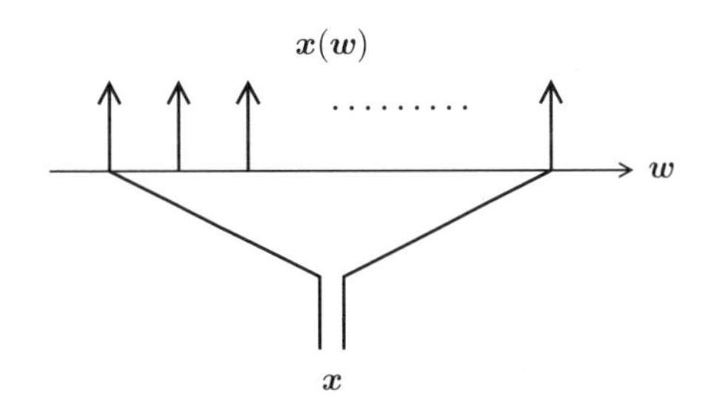

図 2.12　$\boldsymbol{w}$ の連続場からの出力 $\boldsymbol{x}(\boldsymbol{w})$.

$$f(x) = \int v(w)\varphi(wx)dw \tag{2.90}$$

のように表すことができるだろうか．これは単純パーセプトロンで，中間層の出力 $\varphi(wx)$ に対し出力層の重みを $v(w)$ として $f(x)$ を実現する話である．φ をシグモイド関数でなく，フーリエ逆変換を与える関数

$$\varphi(wx) = e^{-iwx} \tag{2.91}$$

に選び，係数となる関数 $v(w)$ として $f(x)$ のフーリエ変換

$$F(w) = \frac{1}{\sqrt{2\pi}} \int e^{iwx} f(x)dx \tag{2.92}$$

を用いれば，元の関数 $f(x)$ は

$$f(x) = \frac{1}{\sqrt{2\pi}} \int F(w)e^{-iwx}dw \tag{2.93}$$

のようになる．これがフーリエ変換の逆変換で，フーリエ変換と同じような形で書けるところがミソである．フーリエ変換は関数空間の**直交変換**で，直交性を変えない．つまり $f(x)$, $g(x)$ に対して

$$\langle f, g \rangle = \int f(x)g(x)dx = 0 \tag{2.94}$$

ならば，それらのフーリエ変換 $F(w), G(w)$ は

$$\langle F, G \rangle = \int F(w)G(w)dw = 0 \tag{2.95}$$

を満たす．

話を元に戻す．x を 1 次元として扱っているが，多次元でもよい．(2.90) の逆変換，すなわち $f(x)$ から $v(w)$ を求める式は，φ と対になるある関数 ρ を用いて

$$v(w) = \int f(x)\rho(wx)dx \tag{2.96}$$

のように書けることがわかっている．(2.90) と (2.96) はそれぞれ**リッジレット変換**および**逆変換**と呼ばれる．ここまではフーリエ変換と同じであるが違いもある．まず，φ を与えても ρ は一意的に決まるわけではない．ただし，ある条件の下では $\rho = \varphi$ と同じ関数を使ってもよい．

また，フーリエ変換の場合と違って，関数 $f(x)$ と $v(w)$ が一対一に対応するわけではない．リッジレット逆変換は線形変換であるが，これには**零空間** N があって，

$$N = \left\{ n(w) \middle| \int n(w)\varphi(wx)dw = 0 \right\} \tag{2.97}$$

のような線形部分空間 N 上の関数 $n(w)$ をリッジレット変換をすれば 0 にな

る．だから，$f(x)$ を与えてもそれを実現する $v(w)$ は一意に決まらず，任意の $n(w) \in N$ を加えた

$$v(w) = \int f(x)\rho(wx)dx + n(w) \tag{2.98}$$

が解である．通常は**最小ノルム解**を用いる．すると N に属する成分は 0 になる．

入力 $\boldsymbol{x}$ をベクトル，パラメータ $\boldsymbol{w}$ もバイアス項を含むベクトルとする．素子数無限大の単純パーセプトロンは，入力 $\boldsymbol{x}$ に対して出力 y を

$$y = \int v(\boldsymbol{w})\varphi(\boldsymbol{w} \cdot \boldsymbol{x})d\boldsymbol{w} \tag{2.99}$$

のような形で出力する．ここでは $\boldsymbol{x}$ は多次元とし，バイアス項もいれて

$$\boldsymbol{w} \cdot \boldsymbol{x} = \sum_i w_i x_i + w_0 \tag{2.100}$$

である．$f(\boldsymbol{x})$ から出る例題を基に係数 $v(\boldsymbol{w})$ を求めるのがパーセプトロンの学習であった．$\boldsymbol{w}$ 自体はこの場合初めからすべてがあるので学習する必要がない．

$\boldsymbol{w} \in \boldsymbol{R}^{d+1}$ は連続の場であるから，素子数は無限大で議論している．しかしこれは有限でいくらでもよく近似できる．これが次のサンプリング定理である[7]．

定理 2.2 場 $\{\boldsymbol{w}\}$ から p 個の $\boldsymbol{w}_i$ を適当にサンプリングして選び，

$$\varphi_p(\boldsymbol{x}) = \sum_{i=1}^{p} v_i \varphi\left(\boldsymbol{w}_i \cdot \boldsymbol{x}\right) \tag{2.101}$$

とすれば，任意の関数 $f(x)$ は 2 乗ノルムで

$$|f(x) - \varphi_p(\boldsymbol{x})|^2 \leq O\left(\frac{1}{p}\right) \tag{2.102}$$

の精度で近似できる．

2.7 素子数無限大の場による層状変換の幾何

場を用いた層状の変換で，入力 $\boldsymbol{x} \in S$ に応じて決まる $\boldsymbol{w}$ の関数

$$f_x(\boldsymbol{w}) = \varphi(\boldsymbol{w} \cdot \boldsymbol{x}) \tag{2.103}$$

を考えれば，d 次元の入力信号空間 S は関数 $\boldsymbol{w}$ のなす無限次元空間 $\mathcal{F} = \{f(\boldsymbol{w})\}$ に写像され，その d 次元部分空間になる．$\boldsymbol{x}$ の像は $\boldsymbol{w}$ の関数

$$\boldsymbol{x}(\boldsymbol{w}) = \varphi(\boldsymbol{w} \cdot \boldsymbol{x}) \tag{2.104}$$

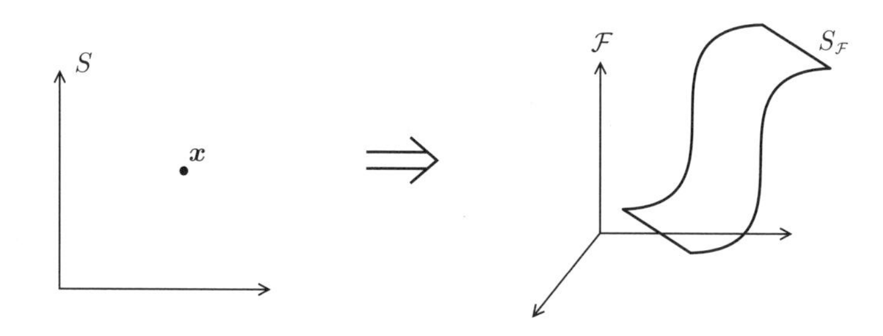

図 2.13　神経場による入力空間の変換.

である．このとき，S の像 $S_{\mathcal{F}} = \{\boldsymbol{x}(\boldsymbol{w})\}$ は $\mathcal{F}$ の n 次元部分空間（図 2.13）で，$\mathcal{F}$ の中でどのような形をしているのだろう．たとえば**計量**とか**曲率**が問題になる．

入力信号の微小変化 $d\boldsymbol{x}$ に対して，$\boldsymbol{x}$ の像 $\boldsymbol{x}(\boldsymbol{w})$ は $\mathcal{F}$ の中では

$$dx(\boldsymbol{w}) = \varphi'(\boldsymbol{w} \cdot \boldsymbol{x})\boldsymbol{w} \cdot d\boldsymbol{x} \tag{2.105}$$

と変化する．その大きさの 2 乗は

$$ds^2 = |dx(\boldsymbol{w})|^2 = d\boldsymbol{x}^T \int \varphi'(\boldsymbol{w} \cdot \boldsymbol{x})^2 \boldsymbol{w}\boldsymbol{w}^T d\boldsymbol{x} \tag{2.106}$$

と書ける．右辺は $d\boldsymbol{x}$ の 2 次形式であり，これが写像によって S に導入される**リーマン計量**を定める．これを成分で書けば，S の計量行列が

$$g_{ij}(\boldsymbol{x}) = \int w_i w_j \varphi'(\boldsymbol{w} \cdot \boldsymbol{x})^2 d\boldsymbol{w} \tag{2.107}$$

と得られる．いま，$\boldsymbol{w}$ は

$$|\boldsymbol{w}|^2 \leq R^2 \tag{2.108}$$

を満たし半径 R の球の中に一様測度で分布しているとする．もしくは，$\{\boldsymbol{w}\}$ の空間に測度

$$\mu(\boldsymbol{w}) = \frac{1}{\sqrt{2\pi}R} \exp\left\{-\frac{|\boldsymbol{w}|^2}{2R^2}\right\} \tag{2.109}$$

があるものとする．この条件で g_{ij} を計算しよう．

計量は $\boldsymbol{x}$ に依存する．そこで S の点 $\boldsymbol{x}$ でその接空間に基底を導入する（図 2.14）．第 1 基底ベクトルとして

$$\boldsymbol{e}_1 = \frac{\boldsymbol{x}}{\sqrt{A}} \tag{2.110}$$

を取る．ここで A は $\boldsymbol{x}$ の活動度で

$$A = |\boldsymbol{x}|^2. \tag{2.111}$$

次に他の基底ベクトルとして $\boldsymbol{e}_1$ に直交する単位ベクトル $\boldsymbol{e}_2, \cdots, \boldsymbol{e}_n$ を取り，

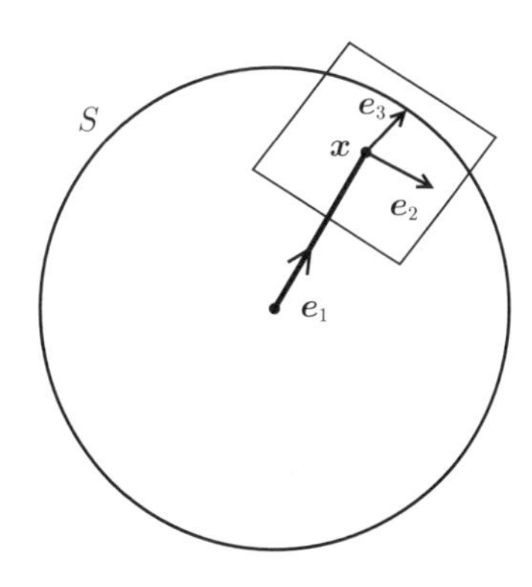

図 2.14　S の点 $\boldsymbol{x}$ における新しい基底 $\{\boldsymbol{e}_1, \cdots, \boldsymbol{e}_n\}$.

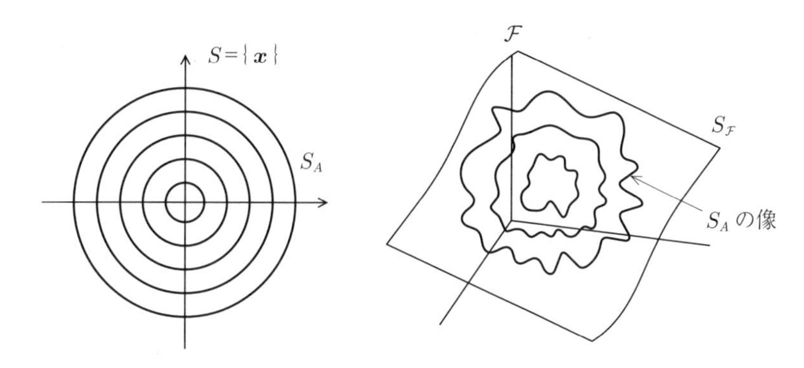

図 2.15　活動度 A による分割.

これらが正規直交系をなすようにする．すると g_{ij} が

$$g_{ij} = \int \varphi'\left(\sqrt{A}w_1\right) w_i w_j D\boldsymbol{w} \tag{2.112}$$

と書ける．$D\boldsymbol{w}$ は $|\boldsymbol{w}|^2 \leq R^2$ での積分，もしくは $\mu(\boldsymbol{w})d\boldsymbol{w}$ による積分である．いま，測度 (2.109) の場合を考えれば，w_i と w_j は直交しているから，g_{ij} は $i \neq j$ のときは 0 で対角行列となり

$$g_{11} = \int \varphi'\left(\sqrt{A}w_1\right)^2 w_1^2 D w_1, \tag{2.113}$$

$$g_{1i} = 0, \quad i \neq 1 \tag{2.114}$$

$$g_{ij} = \int \varphi'\left(\sqrt{A}w_1\right)^2 w_i w_j D\boldsymbol{w}, \quad i, j \neq 1 \tag{2.115}$$

である．g_{ij} は A を通じてのみ $\boldsymbol{x}$ に依存し，

$$\chi(A) = \int \varphi'\left(\sqrt{A}w_1\right)^2 D w_1. \tag{2.116}$$

いま信号空間を半径 $\sqrt{A}$ の球面ごとに区分けし，その一つ

$$S_A = \left\{\boldsymbol{x} \;\middle|\; |\boldsymbol{x}|^2 = A\right\} \tag{2.117}$$

を入力の空間と考えよう（図 2.15 左）．すると，これは S では曲面であるか

ら，球面の計量 $g^{S,A}$ を持つ $n-1$ 次元のリーマン空間である．球面の 1 点 $\boldsymbol{x}$ で，S の接空間の正規直交基底 $\boldsymbol{e}_2,\cdots,\boldsymbol{e}_n$ を定めた．すると，層状の回路から誘導される計量 (2.113)–(2.116) は，球面上では

$$g_{ij}=\chi(A)g_{ij}^{S,A},\quad i,j=2,\cdots,n \tag{2.118}$$

と書ける．これは直交する 2 つのベクトルを直交する 2 つのベクトルに変換する**共形変換**であり，χ がその拡大率である．$\mathcal{F}$ の全空間で考えれば，球面 S_A が A の大きさに応じて玉ねぎの輪切りのように区分けされている．これを**葉層化**というが，その葉層の一つである各球面が共形変換を受ける．$\chi(A)>1$ ならば，球面はくねくねと曲がることによってその面積を拡大する（図 2.15 右）．

球面 S の $\mathcal{F}$ 内での曲がり方を見よう．曲率を計算するには $S_{\mathcal{F}}$ での j 方向の接ベクトル

$$e_j(\boldsymbol{w})=\partial_j\varphi(\boldsymbol{w}\cdot\boldsymbol{x}) \tag{2.119}$$

が，$\boldsymbol{x}$ を i 方向に変えるとどのくらい変化するか，2 階微分

$$H_{ij}(\boldsymbol{w})=\partial_i\partial_j\varphi(\boldsymbol{w}\cdot\boldsymbol{x})=\varphi''(\boldsymbol{w}\cdot\boldsymbol{x})w_iw_j \tag{2.120}$$

を計算すればよい．ただし $\partial_i=\partial/\partial x_i$ は S の極座標系での $\boldsymbol{e}_i$ 方向への微分である．だから，曲率の 2 乗（$S_{\mathcal{F}}$ 内の変化を示すアファイン接続の分を含む）を書けば，

$$|H_{ij}|^2=\int\varphi''(\boldsymbol{w}\cdot\boldsymbol{x})^2w_i^2w_j^2D\boldsymbol{w}. \tag{2.121}$$

これも前と同じに，$\boldsymbol{x}$ 軸方向とそれに直交する基底とで書けば

$$|H_{ij}|^2=\int\varphi''(\sqrt{A}w_1)^2w_i^2w_j^2D\boldsymbol{w} \tag{2.122}$$

のようになり，A を通じて $\boldsymbol{x}$ に依存している．前と同じに入力の球面 S_A だけを考えれば，その曲がり方は上式で $i,j=2,\cdots,n$ としたものである．これはさらに，i,j について等方的であり，これを計量 $g^{S,A}$ で縮約すれば

$$\gamma^2=\sum_{i,j,k,m}H_{ij}H_{km}g_{S,A}^{ik}g_{S,A}^{jm}=\sum_{i,j}H_{ij}^2 \tag{2.123}$$

である．これは，

$$\chi_2=\int\left\{\varphi''\left(\sqrt{A}w_1\right)\right\}^2Dw_1 \tag{2.124}$$

に依存する．

話を見やすくするために，入力信号 S の中の 1 次元空間（曲線）$\boldsymbol{x}(t)$ を考えよう．すると，入力での微小な変化ベクトル $\dot{\boldsymbol{x}}dt$ は，写像先では

$$\dot{x}(t,\boldsymbol{w})=\varphi'(\boldsymbol{w}\cdot\boldsymbol{x}(t))\boldsymbol{w}\cdot\dot{\boldsymbol{x}} \tag{2.125}$$

に写るから，長さの拡大率が $\chi(A)$ で与えられ，これは $A=|\boldsymbol{x}|^2$ に依存する．また，2 つの微小ベクトルの直交性は保たれるから，計量は共形変換を受ける．

同じように，曲線 $x(t)$ の曲率は

$$\ddot{x}(t,\boldsymbol{w})=\varphi''(\boldsymbol{w}\cdot\boldsymbol{x}(t))\{\boldsymbol{w}\cdot\dot{\boldsymbol{x}}(t)\}^2+\varphi'(\boldsymbol{w}\cdot\boldsymbol{x}(t))\boldsymbol{w}\cdot\ddot{\boldsymbol{x}}(t) \tag{2.126}$$

から計算できる．右辺の第 1 項は χ_2 に依存し，これが新しく生み出される曲率，第 2 項がすでにある曲率がどう継承されていくかを示す．ランダム回路の場と違って $1/p$ の微小項とはならない．だから，信号空間の幾何学的な形状は，p を無限大にする（非ランダムな）場の理論で解明できる．具体的には，χ_1 が大きければ曲線は大きくうねる．その描像を図 2.15 右に示す．3 次元空間では曲線は交わってしまうが高次元空間は交わらず，こうしたうねりが実現できる．

2.8 ランダム層状神経場の構想

素子数 ∞ の場合，$\boldsymbol{w}$ はランダムではなくてすべてが揃っていると考えるから，これはランダム回路とは違う．これをランダム回路と調和させるために，**ランダム層状神経場**の考えが提唱された[8,9]．いま，座標系 z を持つニューロンの場を考えよう．簡単のため 1 次元の場とするが，多次元も同様にできる．場の上にニューロンが連続的に配置されているとし，場所 z にあるニューロンの重みベクトル（バイアス項も含める）を $\boldsymbol{w}(z)$ としよう．入力 $\boldsymbol{x}$ に対する場所 z のニューロンからの出力 $y(z)$ は

$$y(z)=\varphi\{\boldsymbol{w}(z)\cdot\boldsymbol{x}\} \tag{2.127}$$

と書ける．

ここで重みベクトルはランダムに決まるものとする．簡単のため，$\boldsymbol{w}$ は各成分ごとに独立同一の分布とし（バイアス項は独立で別の分布），1 つの成分（たとえば第 1 成分）をまず取り上げる．この成分 $w_1(z)$ は，平均 0 のガウス分布に従うものとし，場所 z と z' における重みには距離に応じた相関があるものとする．その相関を

$$\mathrm{E}\left[w_1(z)w_1\left(z'\right)\right]=\rho\left(z,z'\right)=\rho\left(z'-z\right) \tag{2.128}$$

と書こう．$\boldsymbol{w}(z)$ はランダムガウス場と考えてよい．とくに相関が δ 関数，すなわち z が違えば相関がない場合は，**白色雑音**（**ウィーナー過程**）になる．

この場合にも，前と同様に $\partial_i\varphi(\boldsymbol{w}\cdot\boldsymbol{x})$ および $\partial_i\partial_j\varphi(\boldsymbol{w}\cdot\boldsymbol{x})$ を基に距離と曲率を計算することができる．結果は相関のある分だけ複雑になるが，似たようなものである．

画像処理の場合，入力信号 $\boldsymbol{x}$ も場の上に乗っている．$\boldsymbol{z}$ は 2 次元画面である

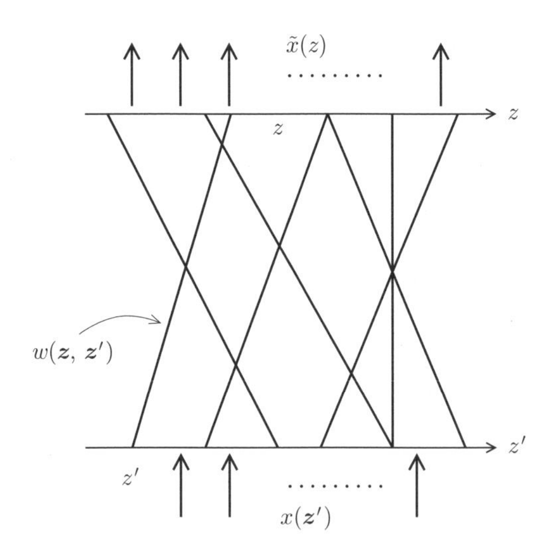

図 2.16　神経場による信号 $\boldsymbol{x}(\boldsymbol{z}')$ の変換.

から，2 次元の神経場を考えよう．この場合，信号の変換は，入力 $x(\boldsymbol{z})$ に対して出力 $\tilde{x}(z)$ は

$$f_{\boldsymbol{x}}(\boldsymbol{z}) = \varphi\left(\int w\left(\boldsymbol{z}, \boldsymbol{z}'\right) \cdot \boldsymbol{x}\left(\boldsymbol{z}'\right) d\boldsymbol{z}'\right) \tag{2.129}$$

のように書ける．$\boldsymbol{z}'$ は入力場の 2 次元の画素の位置，$\boldsymbol{z}$ は今考えている層状の回路のニューロンの位置である（図 2.16）.

ここで，重み $w\left(\boldsymbol{z}, \boldsymbol{z}'\right)$ は平均 0 で共分散を持つ**ガウス場**をなすとする．場所 $\boldsymbol{z}$ のニューロンどうしが近さに応じた相関を持つが，入力信号 $\boldsymbol{x}\left(\boldsymbol{z}'\right)$ の位置 $\boldsymbol{z}'$ に対しても位置に応じた相関を持つものとしてよい．ただ，積分が発散しないために，受容野という考えを入れて，場所 $\boldsymbol{z}$ のニューロンは入力場の $\boldsymbol{z}'$ に近いニューロンからの情報を取り入れ，遠くの情報は受けないとし，たとえば

$$r\left(\boldsymbol{z}, \boldsymbol{z}'\right) = \exp\left\{-\frac{\left|\boldsymbol{z}-\boldsymbol{z}'\right|^2}{2r^2}\right\} \tag{2.130}$$

のように置く．このとき，入出力関係は

$$f_{\boldsymbol{x}}(\boldsymbol{z}) = \int \varphi\left\{r\left(\boldsymbol{z}, \boldsymbol{z}'\right) \boldsymbol{w}\left(\boldsymbol{z}, \boldsymbol{z}'\right) \boldsymbol{x}\left(\boldsymbol{z}'\right) d\boldsymbol{z}'\right\} \tag{2.131}$$

のように修正される.

ランダム神経場で，入力 S の像はどのような形をするだろうか．第 1 節のリッジレット変換の場合，$\boldsymbol{w}$ は球面上に一様に分布しているとしたが，今の場合はガウス場であって，一様性は保たれない．だからウィーナー場（白色場）の場合を除いて，共形変換にはならない.

ランダム神経場を初期値として深層回路を作り，学習したらどのような結果が得られるだろうか．神経場は実際の脳の構造を模しているから，それなりに

良い結果が期待できる．ここでの神経接核理論にも興味がある．論文はまだ完成したものとは言えないが，興味ある予備的な結果が記されている[9]．

終わりの一言

私が神経回路網の数理に本格的に取り組もうと考えたのは 1965 年頃からである．簡単な数理モデルを用いて，しっかりした数理的な理論を作っていこうと思った．モデルとしてまず考えたのはランダムに結合した回路網であり，これなら理論が作れると思った．ところが，同じころロシアの Rozonoer がランダム神経回路の理論を統計神経力学としてロシア語で書いているのを知り，衝撃を受けるとともに大いに刺激された．彼の論文は 1, 2, 3 部に分かれていて，1 部が英訳されてアメリカで出版された．私は図書室に通って，ロシア語で書かれた論文の 2, 3 部を読んだものである（ロシア語ができなくても，数式から大体の内容がわかる，東大の応用物理学科の図書室にはロシアの雑誌があった）．その後私は学習と自己組織の理論，連想記憶のモデル，神経場の力学などを考究することになる．これらが 1970 年代の私の主要な研究である．

層状の神経回路で，信号空間がどのように変換されるか，距離がどう変わっていくかを調べた．曲がった空間の距離であるから，微小 2 点間の距離を定めるリーマン計量が問題になる．ついで，信号空間の曲がり方，つまり曲率が問題になる．信号空間が層を経た変換でどう曲がりくねっていくかである．

深層回路の統計神経力学は Poole らの論文[1]に始まる．これはよくできた論文で，熟読した．大変なショックであった．本来ならばこの種の研究は私がとっくの昔に研究していてしかるべきものだったと感じたからである[2]．本章ではこの論文を，より幾何学的に解説した．この論文を創始として，深層回路の学習の統計神経力学が展開されて，研究が進展している．神経接核理論もこの延長上にある．

ところで，曲率の発生は素子数 p に対して $1/p$ のオーダーであり，これが層を進めると蓄積して効果を現わすことを見た．一方，ランダムな回路では大数の法則と中心極限定理を用いて，平均からずれるゆらぎの効果を無視した．しかしゆらぎの 2 乗は $1/p$ のオーダーであるから，これも計算しておくとよい．しかしたいへん面倒で老人の手に余ると考えた．ところが「数理科学」に連載した本稿を脱稿したころ，これをきちんと計算した研究を見つけた．D.A. Roberts と S. Yaida の著作である[10]．たいへんすぐれた研究で，興味ある読者はぜひ参照して欲しい．

参考文献

1) B. Poole, S Lahiri, M. Raghu, J. Sohl-Dickson and S. Ganguli, Exponential expressivity in deep neural networks through transient chaos. Advances in NIPS,

3360–3368, 2016.

2) S. Amari, R. Karakida and M. Oizumi, Statistical neurodynamics of deep networks: Geometry of signal spaces. *Nonlinear Theory and Its Applications, IEICE*, **2**, 1101–1115, 2019.

3) N. Murata, An integral representation of functions using three-layered networks and their approximation bounds. *Neural Networks*, **9**, 947–956, 1996.

4) S. Sonoda and N. Murata, Transport analysis of infinitely deep network. *Journal of Machine learning Research*, **20**, 1–52, 2019.

5) S. Sonoda *et. al.*, Integral representation of shallow neural network that attains the global minimum. arXiv:1805.07517, 2018.

6) 園田翔, "ニューラルネットとリッジレット変換", 応用数理, **33**, 4–12, 2023.

7) A. Barron, Universal approximation bounds for superpositions of a sigmoidal function. *IEEE Transactions on InformationTheory*, **39**, 930–945, 1993.

8) 渡部海斗, 坂本航太郎, 園田翔, 唐木田亮, 甘利俊一, "ランダム神経場の学習–NTK による定式化と実験的検証–", 第 22 回 情報論的学習理論ワークショップ (IBIS2019), 名古屋, 2019 年 11 月.

9) K. Watanabe, K. Sakamoto, R. Karakida, S. Sonoda and S. Amari, Deep learning in random neural fields. *Neural Networks*, **160**, 148–163, 2023.

10) D.A. Roberts and S. Yaida, The principles of deep learning theory, Springer, 2022. (arXiv:2106.10165v1, 2021).

第 3 章
再帰結合のランダム回路と統計神経力学の基礎

層状のランダム回路で，入力の次元と出力の次元が等しいとき，出力をそのまま入力にフィードバックすれば，**再帰結合の神経回路網**ができる．深層回路はランダム回路を層状に空間的に積み上げたのに対し，再帰結合回路は同じ回路を時間軸に沿って展開したものである．ここでは活動度の力学はどうなるか，それを調べてみよう．また，これが生み出す**カオス力学**にも触れる．これは深層学習の統計神経力学にとっては寄り道のように見えるが，歴史的には最初に発展したものであり，この手法は深層回路にも共通に使える．ここで**平均場近似**の正当性を議論しよう．これは**統計神経力学の基礎**となる大きな問題である[1~3]．ランダム結合再帰回路は後の節でふれる**リザーバー計算機構**として現在大変に興味ある話題として発展しつつある[4,5]．ランダム結合回路の万能性を示すものとして興味深い．

本章の残りの部は，少し特別な離散モデルを用いて，平均場近似が成立するか否かを詳細に議論する．しかしこれは本筋をはずれるので，とばしてかまわない．なお，神経集団の巨視的力学の例については，本書の最終章で取り上げることにする．

3.1 再帰結合回路：ランダム回路の活動度の巨視的力学

第 1 章で p 個のニューロンからなるランダム結合の層状神経回路の入出力関係を考えた．その出力ベクトル（p 次元）$\boldsymbol{y}$ を入力に戻して，この層の入力信号としよう（図 3.1）．すなわち，この回路の入力は 1 時刻前の出力と等しい．これとは別に外部入力 $\boldsymbol{s}$ があってもよい．すなわち，この回路の時刻 t での状態（出力）を $\boldsymbol{y} = \boldsymbol{x}(t)$ と書き，これを次の時刻の回路への入力として次の時刻の状態 $\boldsymbol{x}(t+1)$ を決める．これを式で書けば，成分を用いて

$$x_i(t+1) = \varphi\left\{u_i(t)\right\}, \tag{3.1}$$

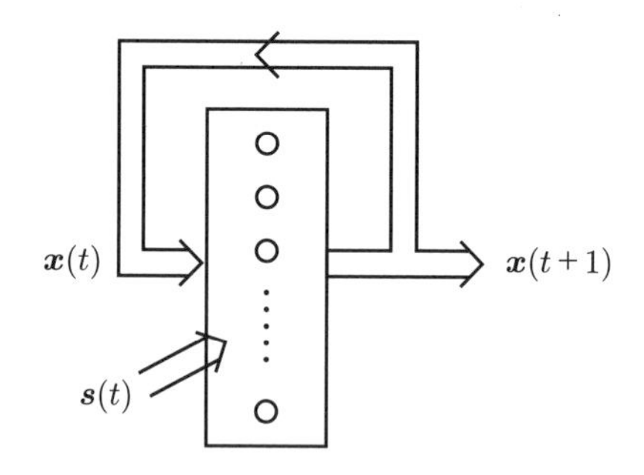

図 3.1　再帰結合の神経回路網.

$$u_i(t) = \boldsymbol{w}_i \cdot \boldsymbol{x}(t) + b_i + s_i(t) \tag{3.2}$$

である.

これが再帰結合の回路の**状態方程式**である．ここで前と同じく結合の重みたち，$\boldsymbol{w}_i = (w_{ij})$ とバイアス b_i はどちらも平均 0 の独立なガウス分布に従うものとして，個々のランダム回路ではなくて，すべてのランダム回路に共通な巨視的な振舞いを見ることにする．再帰回路は，深層回路の層にそった結合を，時間軸で折り返してフィードバック結合したもので，層 l の進行と時間 t の進行が同じように議論できる．ただ，層のニューロン数 $\overset{l}{p}$ はいつも一定で p である．だから，空間 $\overset{l}{E}$ はいつも S に等しく，信号 $\boldsymbol{x}(t)$ は同じ空間 S の中で変化していく.

まず，活動度の力学から始めよう．ランダム回路の時刻 t の入力 $\boldsymbol{x}(t)$ の活動度を

$$A(t) = \frac{1}{p}\left|\boldsymbol{x}(t)\right|^2 \tag{3.3}$$

とすれば，時刻 $t+1$ の活動度はこの時の入力の活動度 $A(t)$ で決まり

$$A(t+1) = \Phi_A\left\{A(t)\right\} \tag{3.4}$$

のように書ける．外部入力 $s_i(t)$ があれば，その巨視的な量 $S(t) = \frac{1}{p}\sum s_i(t)$ が上式の右辺の Φ_A の中に入る．これが巨視的な力学である．重なりの法則では，時刻 t の 2 点 $\boldsymbol{x}(t), \boldsymbol{x}'(t)$ の重なりを

$$C(t) = \frac{1}{p}\boldsymbol{x}(t) \cdot \boldsymbol{x}'(t) \tag{3.5}$$

と置けば，重なりの遷移法則

$$C(t+1) = \Phi_C\left\{C(t), A(t), A'(t)\right\} \tag{3.6}$$

が得られる．2 点間の距離 $D\left(\boldsymbol{x}, \boldsymbol{x}'\right)$ の遷移法則はここから得られる．前章では $M = (A, C)$ とまとめて遷移法則を求めた.

3.2　計量と曲率の時間発展

状態 $\boldsymbol{x}$ の空間 S に，正規直交座標系 $\{\boldsymbol{e}_a\}$ を導入する．外部入力は $\boldsymbol{s}=0$ とすれば，状態は

$$\boldsymbol{x}(t+1)=\varphi\{\boldsymbol{u}(t+1)\},\quad \boldsymbol{u}(t+1)=\mathbf{W}\boldsymbol{x}(t)+\boldsymbol{b} \tag{3.7}$$

に従って S の中で遷移する．$\boldsymbol{x}(t)$ は初期値 $\boldsymbol{x}_0$ で決まるから，時刻 t での状態

$$\boldsymbol{x}(t)=\boldsymbol{x}(\boldsymbol{x}_0;t) \tag{3.8}$$

を用いて $\{x_1(t),\cdots,x_p(t)\}$ を新しい座標系（t は固定）と考えてみよう．すると，(3.7) は S の中に新しい曲線座標系 $\boldsymbol{x}(t)$ を定義する座標変換と見なせる．$\boldsymbol{x}_0$ から $\boldsymbol{x}(t)$ への変換である．つまり，S の中での座標軸が (3.8) 式で変換されたのが新しい曲線座標軸である．初期値の正規直交座標 $\{\boldsymbol{x}_0\}$ は，時刻 t で S の曲座標系 $\{\boldsymbol{x}(t)\}$ に写される．

微小距離 $d\boldsymbol{x}$ は

$$d\overset{t}{\boldsymbol{x}}=\overset{t}{\mathbf{X}}\,d\overset{t-1}{\boldsymbol{x}}, \tag{3.9}$$

$$\overset{t}{\mathbf{X}}=\frac{\partial\boldsymbol{x}(t)}{\partial\boldsymbol{x}(t-1)} \tag{3.10}$$

に従って発展する．前章と同様に計算すれば

$$ds^2(t)=\chi(t)ds^2(t-1), \tag{3.11}$$

$$\chi(t)=\sigma_w^2\mathrm{E}\left[\varphi'\{u_i(t)\}^2\right], \tag{3.12}$$

が得られる．(3.12) の中 u_i の分散は A に依存しているから，$\chi(t)$ は $A(t)$ を通じて $\boldsymbol{x}$ に依存する．これより，計量行列の変換の法則

$$g_{ij}(t)=\sigma^t(\boldsymbol{x})g_{ij}(0)=\prod_{s=1}^{t}\chi(s)g_{ij}(0), \tag{3.13}$$

$$g_{ij}(0)=\delta_{ij} \tag{3.14}$$

が得られる．一般に，このような計量の変換を**共形変換**といった．共形変換は，線素の長さを $\sigma(\boldsymbol{x})$ 倍するが，直交する 2 線素は直交のままである．つまり接空間の形を変えず，倍率だけを変える．だから共形の名前がある．

いま，2 次元の平面のやわらかい板（膜）を考えよう．この各点 $\boldsymbol{x}$ に温度の分布 $T(\boldsymbol{x})$ を与え，場所ごとに違った温度で温める．すると板は場所に応じて等方的に膨張しようとする．しかし 2 次元のままではこれはできないから，各点が垂直方向の 3 次元空間にはみ出す．温度の高いところは長さが大きくなるから，板は垂直方向にゆがむ．これが共形変換である．接空間を局所的に取り上げれば，接空間は局所的な回転と等方的な拡大（縮小）をする．それに有限

の p に由来するゆらぎが伴って起こる．これが再帰結合の回路のなす信号の変換の実態である．

$\boldsymbol{x}(t)$ は曲座標系である．S の次元は p のままであるから，高次元へはみ出すことはなく，曲率は生じない．つまり S はユークリッド空間のままである．しかし，曲座標系 $\boldsymbol{x}(t)$ は曲がっている．その曲がり方 $\boldsymbol{H}_{ab}$ は，S に直交する成分はないから，2.4 節で見たようにアファイン接続の係数のみで示される．特に，各座標軸 x_a の曲がり方は，スカラー曲率 $\gamma(t)$ で示される．t が大きくなれば (2.62) より，これは

$$\gamma^2(t) = \frac{3\chi_2}{p\sigma(\sigma-1)}, \quad \sigma > 1 \tag{3.15}$$

に漸近する．$\sigma \approx 1$ のカオスの縁で，ぐちゃぐちゃに曲がる．実はこの描像には問題がある．曲率項（アファイン接続の項）は $1/p$ のオーダーで発生するから，$p \to \infty$ とすれば無視される．しかし p が有限ならば，大数の法則のゆらぎを無視できない．曲座標系 $\boldsymbol{x}(t)$ の幾何は，きちんと研究すべき問題であるが，まだ完成していない．

3.3 統計神経力学の基礎

状態方程式 (3.4), (3.6) などは，相関を断ち切る**平均場**ともいうべき近似を用いて得られた．これらが本当に成立するか否かを問うてみよう．この方程式の導出は，ミクロな方程式 (3.1), (3.2) から，中心極限定理を用いて p が十分に大きいとして導出した．時刻 1 から 2 への変化は，1 層の層状回路の変換であってこれは正しい．ここでは u_i が i ごとに独立であることを用いている．そこで時刻 3 を見ると時刻 2 の $\boldsymbol{x}(2)$ が与えられたとして，前と同様に議論すれば，

$$A(3) = \varPhi_A\left\{A(2)\right\} = \varPhi_A\left\{\varPhi_A(A(1))\right\} \tag{3.16}$$

のようになる．しかし，$\boldsymbol{x}(2)$ はその前の時刻での $\boldsymbol{x}(1)$ から $\mathbf{W} = (w_{ij})$ を用いて決まるものだった．いったん中心極限定理を使って $\boldsymbol{x}$ に含まれる $\mathbf{W}$ を消してしまい，次の時刻で改めて同じ結合 $\mathbf{W}$ を用いて u_i に中心極限定理を使えばよいが，それが正当化できるだろうか．よく見れば，簡単のため b_i を省略して

$$u_i(3) = \sum w_{ij}\varphi\left(\sum w_{jk}x_k\right) \tag{3.17}$$

のように書けるので，w_{ij} が独立であっても $u_i(3)$ は i ごとに独立とはいえない．共通の $\mathbf{W}$ が (3.17) の φ の内に入っているからである．ただ，前の時刻の w_{jk} の影響は多数の和として表れるため（平均化），たいへん希薄ではある．

前の時刻，さらにその前の時刻へと続く共通の $\mathbf{W}$ の影響を一段階ごとに大

数の法則を用いて打ち消してしまったのが**平均場近似**である．これが正当化できるか否かを問うたのが Rozonoer の 1969 年の論文である[1]．それには統計力学の例がある．統計力学の祖ともいえる Boltzmann は，気体のミクロな衝突の力学からマクロなエントロピー増大の法則を導き，人々をあっと言わせた．ミクロな方程式では，気体分子の位置は一様にランダムに分布しているとして，速度分布を与えて，2 分子が衝突するときの速度の変化を求める．すると速度分布の変化の法則が得られる．エントロピーは速度分布の関数であり，ここからエントロピー増大の法則が得られる．

素晴らしい理論であり，喝采を博した．でもどこかがおかしいと，研究者たちは気づいた．まず，ニュートン力学であるが，これは時間を反転しても不変な形をしている．つまり，現在の粒子の位置はそのままで，速度 $\boldsymbol{v}$ をすべて反転して $-\boldsymbol{v}$ にして，ニュートン力学の方程式を解く．すると，過去の状況をそのまま再現する解が得られる．でも，これでは時間 t が増えるにつれ過去にいくから，エントロピーが増大する解が得られることになってしまう．だからここからエントロピー増大則が得られるはずはない．もう一つは，保存力学系の Poincáre の再帰定理である．これは，保存力学系では，ある状態から出発すれば，時間が経てばその状態のいくらでも近い近傍に状態が再帰することを言う．そうならば，再帰すればエントロピーはもとの値に近くなり，増大ばかりしてはいられない．

でも，現実にエントロピーは増大する．Boltzmann は，ニュートン力学の時間反転性については，「ふむ，そんなことを言うなら，気体分子の速度を全部自分で反転してみろ，反転なんかできるものか」とつぶやいたといわれる．また，再帰性について，実は再帰時間が極めて長いことが分かっている（気体分子の場合，地球の歴史よりも長くなる）．彼は，「ふむ，そんな時間を待てるものなら待ってみろ」と嘯いたという．

Boltzmann はランダム性として，気体の分子の位置が独立に一様分布することを仮定し，これに基づいて計算した．しかし，はじめに一様分布であったとしても，過去の衝突の履歴によって粒子の位置の独立性が崩れる．このため，Boltzmann の議論は正確には成り立たない．でも，分布の一様独立性が崩れるまでには多数の衝突が起こらなければならないから，ある時刻 t までならばこの仮定はほぼ成立し，エントロピー増大は保証されるかもしれない．しかし t が大きくなるにつれてこの仮定は崩れ，過去の履歴による相関が累積する．t を固定し，分子数が十分に大きいとしてエントロピー増大則が成立することを，弱法則という．希薄な気体ではこれが成立することが確かめられている．

しかし，エントロピー増大則は日常の世界では成立している．これを巡っては，物理の世界，そして確率論の世界で多くの議論があった．ランダム結合の神経回路網の力学でも，同じ結合の重み w_{ij} を繰り返し使用することで同様の問題が生ずる．しかし，活動度の力学ではシミュレーションをすれば，これが成立していることが分かる．距離の法則を巡ってはこれがより微妙になることを次節で示す．甘利らの一連の論文はこうした統計神経力学の基礎を探求したものである[2,3]．

近年，物理学の手法で，状態遷移のミクロな量

$$\boldsymbol{u}(s) = \{u_i(s), i = 1, \cdots, p\,;\ s = 1, \cdots, t\} \tag{3.18}$$

を一括してフーリエ変換しこれらの量の母関数を求め，それらの平均化が共通の確率変数 w_{ij} のもとでも合理化できることを利用して，巨視的な量の遷移法則を求める手法がある．これは平均場近似であり，いろいろな意味で相関の困難を切り抜けるために使われる．豊泉らの論文を見れば[6]，確かに少なくとも弱法則は統計神経力学では成立しているようである．

ここで，わざわざ弱法則と書いたのは，実は強法則があるからである[3]．ある巨視的な力学

$$M(t+1) = \Phi_M\left\{M(t)\right\} \tag{3.19}$$

が，ある固定した時刻 T までは，$p \to \infty$ とすれば任意に小さい ε の誤差のゆらぎの範囲で成立するというのが弱法則であった．しかし，p を大きな有限の値にとめておいて，$T \to \infty$ としたときの力学系 (3.19) の挙動（たとえばリミットサイクルに入るなど）が，あとから $p \to \infty$ としてもやはり任意の ε の誤差で成立しているかどうかは別問題である．弱法則は任意の T までなら，$p \to \infty$ で法則が成立することを言うが，強法則は先に $T \to \infty$ とした状況でもあとから $p \to \infty$ とすれば法則が成立することを主張する．つまり $p \to \infty$, $T \to \infty$ か $T \to \infty$, $p \to \infty$ のように，どちらを先に ∞ にするかの順序の違いである．もし，$p \to \infty$ での法則への収束が t に関して一様収束であれば，両者は一致する．しかし，神経回路網の場合，一様収束ではない可能性が高い．この意味するところを，3.5 節の距離の巨視力学で見る．

3.4 リザーバー学習計算機械

ランダム結合の神経回路の万能性を示すものとして，ここで**リザーバー計算機構**に触れておこう．これは Maass[5] と Jaeger[4] らによって，独立に提案された時系列を扱う学習機械である．いま図 3.2 に示すようにランダム結合の再帰的神経回路網があったとする．これは興奮性ニューロンと抑制性ニューロンの 2 種類のニューロンをランダムに結合したものとする．この時，回路網の巨視状態（活動度）は，興奮性ニューロンと抑制性ニューロンの 2 成分からなり，その巨視的なダイナミクスは単安定，双安定及び振動の 3 種類からなる（最終章で詳しく述べる）．ここで微視的なダイナミクスを調べると，カオス状態が現れる[6,7]．カオスは初期状態の情報を長い間保持しているので，この性質を

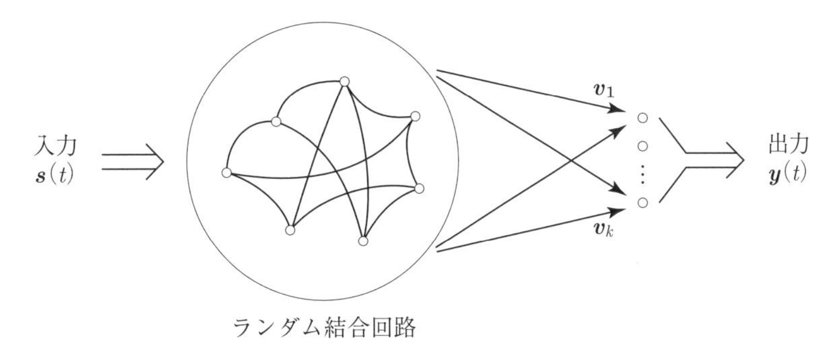

図 3.2　リザーバー計算機構.

用いる．これを，入力の時系列を出力の時系列に変換する学習装置に使うのである．

ここで入力はベクトル時系列 $\boldsymbol{s}(t), t=1,2,\cdots$ であるとする．この時，回路の動作方定式は，

$$\tau_i \dot{u}_i(t) = -u_i(t) + \sum w_{ij} x_j(t) + s_i(t), \tag{3.20}$$

$$x_i(t) = f\left\{u_i(t)\right\} \tag{3.21}$$

のように書ける．$\boldsymbol{x}(t)$ が時間 t での回路の状態で，これは p 個のニューロンの出力である．これに観測神経回路をつける．これは m 個のニューロンからなるとし，その時間 t での出力を m 次元ベクトル $\boldsymbol{y}(t)$ とする．観測神経回路網は，ランダム神経回路の状態を観測する．すなわち，第 k 番目の観測ニューロンは，重み v_{ki} で i 番目のニューロンから信号を受け取る．さらに閾値 h_k をつけて，線形和

$$r_k = \sum v_{ki} x_i - h_k \tag{3.22}$$

を作り，その非線形関数を出力とする．これは

$$y_k = f\left(r_k\right) \tag{3.23}$$

である．回路は入力時系列 $\boldsymbol{s}(t)$ に対して，出力時系列 $\boldsymbol{y}(t), t=1,2,\cdots$ を生成する．

ランダム回路は多くの場合カオス的な動作をするから，入力 $\boldsymbol{s}(t)$ に従って回路が動作するとき，回路の状態 $\boldsymbol{x}(t)$ はカオス的になる．驚くべきことに，この時入力の $\boldsymbol{s}(t)$ の初期の影響は減衰しつつもいつまでも，時系列 $\boldsymbol{x}(t)$ の中に残る．例えば Toyoizumi and Abott の論文[6]を挙げておこう．カオスについては Sompolinsky らも早くから研究している[7]．ちなみに，私がランダム回路の力学を研究した 1970 年代初頭はカオスの黎明期で，私はこれを知らなかった．我々（馬被健二郎，甘利）もランダム回路のシミュレーションでカオス的な現象を観察したものの，意味のない不可思議な動作として無視してしまった．カ

オスが流行するのはそののちの話である．

さて，カオス回路網であれば，初期値の影響，さらにその後の入力時系列の影響が減衰しながらもいつまでも残る．これはカオスの縁と呼ぶ，カオスギリギリのときに著しい．これを使って回路の応答を読み出す．今，k 個の入力時系列

$$\boldsymbol{s}_k(t), \quad k = 1, \cdots, K \tag{3.24}$$

が与えられ，各入力列 $\boldsymbol{s}_k(t)$ に対してそれぞれ出力時系列 $\boldsymbol{y}_k^*(t), k = 1, \cdots, K$ が対応しているものとしよう．そこで読み出しニューロンの重み $\boldsymbol{v}$ と閾値 $\boldsymbol{h}$ を，正しい答えが読み出せるように学習する．学習方式は，例えば各時点での教師の指示する望ましい出力 y_i^* とこの時の出力ニューロンの出力 y_i との差の二乗を誤差信号として，確率的勾配降下法を用いればよい．

これがうまく働くのは驚きである．その理由はカオス的な回路に入力情報の痕跡が持続するからで，p が大きければ驚くほどの記憶を残している．それを読み出すのに学習を使ったが，ランダム回路本体の結合の重みには手を付けず，読み出しニューロンだけを学習すればよいというのがみそである．

リザーバー計算はいろいろと進化を遂げ，人工のランダム回路の代わりに物理システムを使うというものまである．また，理論も少しづつ整備されてきているし，学習方式も進化している．たとえば谷淳は[8]，ずっと以前から学習可能な再帰結合の回路網に起こるカオスを使って，ロボットの学習を論じ，意識の生成にまで言及している．ランダム回路の良さを十分に使った構想として評価したい．

なお，類似のアイデアでエキストリーム機械というのがあるが，これは実は Rosenblatt がはじめに考えたアイデアで（多層）神経回路網の中間層の重みをランダムに設定し，単に出力層のニューロンで学習を行うというものである．ランダム結合の威力で，これでもうまく行く．ただ，初めからあるアイデアで，何故いまさら新しい名前を付けてはやらそうとするのか，私には理解できない．

3.5 信号間の距離のダイナミクス

ここで少し寄り道をして再帰神経回路もしくは深層神経回路のダイナミクスで，2 信号間の距離（重なり）がどう変換されていくのか，平均場を用いた理論を鵜呑みにしていいかどうか，議論することを許していただきたい．本節は主な筋道からはずれるので，飛ばしてもいっこうかまわない．ここでは離散神経モデルをもとに，ランダム神経回路の**状態遷移図**がどんな特徴を持つかを考える．これは私が 1970 年代のはじめに考えた問題であるが，そこでの**距離法則**に対して**統計神経力学の強法則**が成立するか否か，するとすればそこから何

がいえるのか，長年にわたって興味を持った[2,9]．ゆらぎの項が無視できず，どうも強法則は成立しないらしい[10]．この問題はランダムグラフの問題としても興味がある．

3.5.1 ランダム回路のダイナミクスの強法則とその帰結

再帰結合神経回路にせよ層状回路にせよ，時刻 t の p 次元の状態 $\boldsymbol{x}_t$ の活動度 $A(t)$（深層回路の場合は $A(l)$），

$$A(t) = \frac{1}{p}\boldsymbol{x}_t \cdot \boldsymbol{x}_t \tag{3.25}$$

は，方程式

$$A(t+1) = \Phi_A \{A(t)\} \tag{3.26}$$

に従い，急速に平衡安定点 $\bar{A}$ に収束することが確かめられた．だから，簡単のためこれは一定で $\bar{A}$ であるとしよう．すると 2 信号 $\boldsymbol{x}, \boldsymbol{x}'$ の重なり $C_t(\boldsymbol{x}, \boldsymbol{x}')$，

$$C_t(\boldsymbol{x}, \boldsymbol{x}') = \frac{1}{p}\boldsymbol{x}_t \cdot \boldsymbol{x}'_t \tag{3.27}$$

のダイナミクスが，$p \to \infty$ になれば

$$C_{t+1}(\boldsymbol{x}, \boldsymbol{x}') = \Phi_C \{C_t(\boldsymbol{x}, \boldsymbol{x}')\} \tag{3.28}$$

のように求まる．C のまま議論してもよいのだが，距離

$$D(\boldsymbol{x}, \boldsymbol{x}') = \frac{1}{p}|\boldsymbol{x} - \boldsymbol{x}'|^2 = A(\boldsymbol{x}) + A(\boldsymbol{x}') - 2C(\boldsymbol{x}, \boldsymbol{x}') \tag{3.29}$$

のほうが直感的にわかり易いので，距離で議論を進めることにして，ダイナミクス

$$D_{t+1} = \Phi_D(D_t) \tag{3.30}$$

を考える．図 3.3 からわかるように，Φ_D は原点を通る単調増大の曲線である．

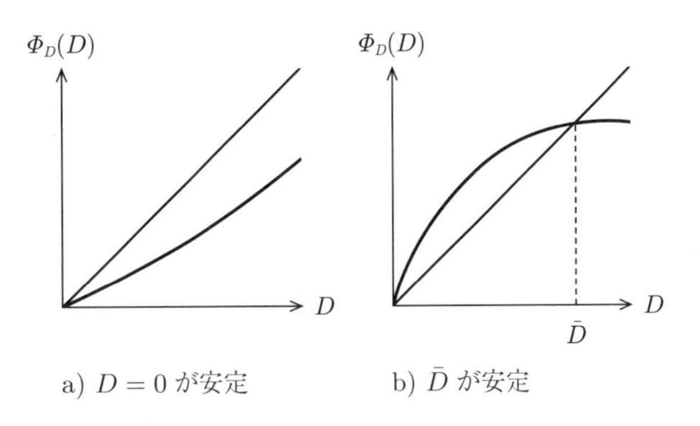

a) $D=0$ が安定　　b) $\bar{D}$ が安定

図 3.3　距離の遷移則．

原点での微係数

$$\chi = \Phi'_D(0) \tag{3.31}$$

の大きさに応じて 2 通りの場合がある．$\chi < 1$ ならば，原点が安定平衡点で，t が大きくなるにつれて，どんな 2 点 $\boldsymbol{x}, \boldsymbol{x}'$ から出発しても，それらの間の距離は 0 に収束する．この場合は回路の動作はつまらなくて，入力の情報は失われてしまう（図 3.3 a)).

一方，$\chi > 1$ ならば原点が不安定な平衡状態になり，もう一つの安定平衡状態 $\bar{D}$

$$\bar{D} = \Phi_D\left(\bar{D}\right) \tag{3.32}$$

があって，どんな $\boldsymbol{x}, \boldsymbol{x}' (\neq \boldsymbol{x})$ に対しても，その間の距離は時間が進むにつれ $\bar{D}$ に収束する（図 3.3 b)). ところが信号の空間 S が p 次元であれば，互いに $\bar{D}$ だけ離れた点の集合は $p+1$ 個の点よりなるシンプレックスである（$p=3$ 次元なら正四面体). したがって，強法則が成立して (3.30) が正しいとすると，どんな初期値 $\boldsymbol{x}$ から出発しようが $\boldsymbol{x}_t$ は t を大きくすると，このシンプレックスの頂点の一つに収束する．つまりすべての入力信号は $p+1$ 個の等間隔に離れた点のどれかに収束する．軌道 $\boldsymbol{x}_t$ 自体は一般的にカオスになるので，シンプレックスは t が進むにつれて，距離を保ったままで空間内を回転する．

これは再帰結合の回路だけでなく，層状の回路でも t の代わりに l を大きくしていけば同じことが言える．こんな描像が正しいかどうか調べてみたい．

3.5.2　2 値の離散ニューロンのランダム回路の距離法則

話を簡単にして，出力関数が ± 1 の 2 値を取る

$$\varphi(u) = \mathrm{sign}\,(u) \tag{3.33}$$

の場合を考えよう．入力（初期値）$\boldsymbol{x}$ も成分が ± 1 のどちらかの 2 値ベクトルである．出力関数は符号関数 sign である．このときは活動度はいつも 1 で一定になる．また 2 信号間の距離は Hamming 距離

$$D_X\left(\boldsymbol{x}, \boldsymbol{x}'\right) = \frac{1}{4p} \sum_i \left|x_i - x'_i\right|^2 \tag{3.34}$$

とする．

$$u_i = \boldsymbol{w}_i \cdot \boldsymbol{x}, \quad u'_i = \boldsymbol{w}_i \cdot \boldsymbol{x}' \tag{3.35}$$

とおけば u_i, u'_i の共分散はどの i についても

$$\mathrm{E}\left[uu'\right] = \sigma_w^2 C_x + \sigma_b^2 \tag{3.36}$$

と書ける．入力が $\boldsymbol{x}, \boldsymbol{x}'$ のときの出力を $\boldsymbol{y}, \boldsymbol{y}'$ とすれば，それらの成分が違う

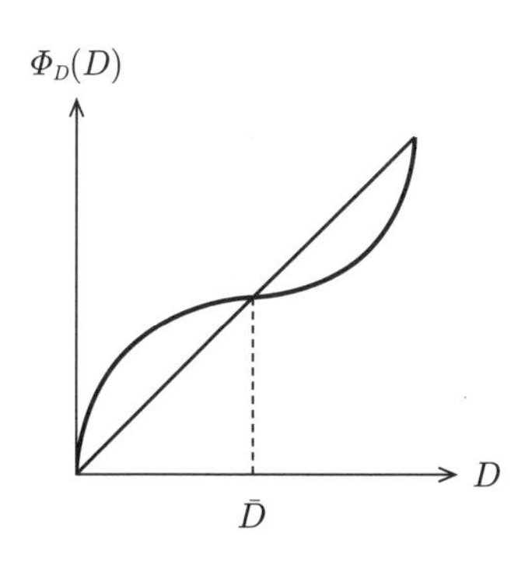

図 3.4　2 値ランダム回路の距離の遷移則.

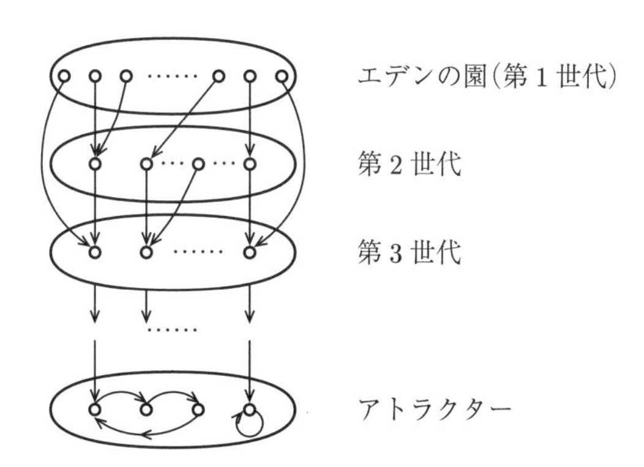

図 3.5　状態遷移図.

のは u_i と u'_i の符号が違うときである．だから $\boldsymbol{y}$ と $\boldsymbol{y}'$ の距離は u_i と u'_i で符号の違うビットの割合で，

$$D_Y = \mathrm{E}\left[\,\mathrm{sign}\,(u)\,\mathrm{sign}\,(u')\,\right]. \tag{3.37}$$

これを計算するのはよい演習問題で，答えは

$$D_Y = \frac{2}{\pi}\sin^{-1}\sqrt{\frac{\sigma_w^2}{\sigma_w^2+\sigma_b^2}D_X} \tag{3.38}$$

で，このような綺麗な形になるのに驚くと同時にうれしかった[2)]．この計算は私のお気に入りの演習問題で，学生の演習に何遍も出したものである．読者はぜひ自分でやってみてほしい．

これを見て驚くことは，D が小さいときは，$\sin^{-1} D \approx D$ であるから

$$D_Y = \frac{2}{\pi}\sqrt{D_X} \tag{3.39}$$

となり，原点での微係数は ∞ となる．つまり，ランダム神経回路は微小な距離にある 2 つの信号の差を拡大して，分離しやすくする（図 3.4）．小脳で苔上線維から顆粒細胞への結合はランダムのように見えるという．ここでは，p の大きい高次元へ信号を変換して，分離の度合いを高めているとみることができる．

3.5.3　状態遷移図

2 値信号の場合，信号 $\boldsymbol{x}$ は全部で 2^p 個あり，p 次元超立方体の頂点を占めている．ランダム回路を 1 つ定めると，その回路は信号 $\boldsymbol{x}$ を信号

$$T\boldsymbol{x} = \mathrm{sign}\,(\mathbf{W}\boldsymbol{x}) \tag{3.40}$$

に写す．$\mathbf{W} = (w_{ij})$ が結合の重みで，w_{ij} がランダムに決まる．バイアス項は入れてもいいが，ここでは無視する．ここで節点 $\boldsymbol{x}$ から $T\boldsymbol{x}$ へ向きのある枝を付け加える．すると状態 $\boldsymbol{x}$ のそれぞれを節点とする**有向グラフ**ができあがる．

このグラフが**状態遷移図**で，各点はただ一本の枝で，次の状態と結ばれる．すなわち，各点から出る枝は1本である．しかし，入る枝は何本あってもよく，無いこともある．状態 $\boldsymbol{x}$ の**親状態**とは，$T\boldsymbol{y}=\boldsymbol{x}$ となる状態 $\boldsymbol{y}$ のことである．親状態は1つとは限らず多数あってもよい．$\boldsymbol{x}$ の親状態の集合を $T^{-1}\boldsymbol{x}$ と書く．これは空集合のこともある．

状態遷移図で，親状態を持たない状態の集合を**エデンの園**，もしくは**第1世代**と呼ぼう．ここは，初期値として与えられることはあっても，どこかからここへ移ってくることはなく，1回の状態遷移で消滅する．2回の状態遷移で消滅する状態（親状態がエデンの園だけにある状態）の集合を**第2世代**と呼ぶ．同じように，**第3世代**集合は，親がエデンの園と第2世代集合にだけある集合である．**第 $\boldsymbol{m}$ 世代**集合が同様に定義できる（図3.5）．

状態遷移を繰り返すと，**アトラクター**に至る．アトラクターとは，ここのどの状態もアトラクターの内部に子状態と親状態を持つ状態の集合で，ここに入ればもうここから抜け出すことはできない．アトラクターは，いろいろな k について k 回の状態遷移で自分自身に戻ってくる，**周期 $\boldsymbol{k}$ のサイクル**からなる．周期1のサイクルは，自分自身が親状態で，**平衡状態**である．アトラクター以外の状態は，状態遷移と共にいずれ消滅する**過渡状態**である．

シミュレーションで分かることは，アトラクターの大きさは小さく，しかもアトラクターに落ち込むまでの時間（**過渡時間**）が極めて小さいことであった．神経回路網は素早くアトラクターに至ることを示唆する．

3.5.4 ランダムグラフ

ランダム神経回路の特徴を知るために，対照として**ランダムグラフ**を考えよう．ランダムグラフとは，ある状態に対してその行き先の状態を，2^p 個の状態の中から独立にランダムに1つ選んで決めるグラフであり，古くから研究がある．情報処理の立場からは，p 個の素子があり，各素子は信号 $\boldsymbol{x}$ を受けて次の状態 $T\boldsymbol{x}$ を決める．神経回路では，これを $\boldsymbol{x}$ の成分 x_i の重み付き和 $\boldsymbol{w}_i\cdot\boldsymbol{x}$ の符号で決めた．ランダムグラフは，各素子が Boole 関数 f を一つランダムに選んで次の状態を $f(\boldsymbol{x})$ とするもので，**ランダム Boole グラフ**とも言う．p 変数の Boole 関数は全部で 2^{2^p} 個あるが，その1つをランダムに選ぶ．神経回路の場合は，ランダムに選んだ重みで決まる閾値関数という特別な Boole 関数に限っている．両者の違いを調べれば，神経回路網の特質を知ることができるかもしれない．

ランダムグラフについては，次のことが知られている．

定理 3.1 ランダム Boole グラフでは，アトラクターの大きさは $\sqrt{2}^p$ のオーダー，アトラクターにおける異なるサイクルの数は p のオーダー，過渡状態の過渡期の長さは $\sqrt{2}^p$ のオーダーである．

オーダーだけではなくて，もっと詳しいことがわかっていて導出はそれほど難しくないので，良い演習問題である．さて，ランダム神経回路ではこれはどうなるであろう．

3.5.5 ランダム神経回路の状態遷移図の特徴

1個の状態 $\boldsymbol{x}$ を取り上げ，これが k 個の親状態を持つ確率を

$$p_k = \mathrm{Prob}\ \left\{\left|T^{-1}\boldsymbol{x}\right| = k\right\} \tag{3.41}$$

としよう．もちろんこれは確率だから

$$\sum p_k = 1, \tag{3.42}$$

さらに親状態の総数は子状態の総数に等しいから，その期待値は1で

$$\sum k p_k = 1. \tag{3.43}$$

どの状態も子の数は1であるから，親の数の平均値も1であるが，公平に親を持つわけではない．特定の状態が多数の親を独占する一方，親のないエデンの園に属する状態が多数ある．そこで，親状態の数の2乗平均（親の集中度）

$$c = \sum k^2 p_k \tag{3.44}$$

を調べよう．親状態の数の分布 p_k の分散は $c-1$ である．

まず，$\boldsymbol{x}$ がエデンの園には属していないとして，$\boldsymbol{x}$ の親状態の数が k である確率を

$$r_k = \mathrm{Prob}\left\{\left|T^{-1}\boldsymbol{x}\right| = k \,\middle|\, \text{ある } \boldsymbol{y} \text{ があって } T\boldsymbol{y} = \boldsymbol{x}\right\} \tag{3.45}$$

とおく．これを変形すれば

$$r_k = \frac{\mathrm{Prob}\left\{\left|T^{-1}\boldsymbol{x}\right| = k,\ T\boldsymbol{y} = \boldsymbol{x}\right\}}{\mathrm{Prob}\left\{T\boldsymbol{y} = \boldsymbol{x}\right\}} \tag{3.46}$$

$$= \mathrm{Prob}\left\{\left|T^{-1}\boldsymbol{x}\right| = k\right\} \frac{\mathrm{Prob}\left\{T\boldsymbol{y} = \boldsymbol{x} \middle| \left|T^{-1}\boldsymbol{x}\right| = k\right\}}{\mathrm{Prob}\left\{T\boldsymbol{y} = \boldsymbol{x}\right\}}. \tag{3.47}$$

ところが，ある $\boldsymbol{y}$ について

$$\mathrm{Prob}\left\{T\boldsymbol{y} = \boldsymbol{x}\right\} = \frac{1}{2^p}, \tag{3.48}$$

$$\mathrm{Prob}\left\{T\boldsymbol{y} = \boldsymbol{x} \middle| \left|T^{-1}\boldsymbol{x}\right| = k\right\} = \frac{k}{2p} \tag{3.49}$$

であるから，

$$r_k = k p_k \tag{3.50}$$

が求まる．これを見れば，エデンの園以外の状態の親の数の期待値が親の**集中**

度で，

$$c = \sum kr_k = \sum k^2 p_k \tag{3.51}$$

と求まり，これが大きければ，親の数の分配は不公平で，特定の状態が多数の親を独占する．

$\boldsymbol{x}$ がエデンの園に入っていなくて，$T\boldsymbol{y} = \boldsymbol{x}$ であるとする．このとき，$\boldsymbol{y}$ から距離 d だけ離れた 1 つの状態 $\boldsymbol{z}$ が $\boldsymbol{x}$ の親状態である確率 $p(d)$ を求める．これは距離法則を求めたときと同じで，

$$\boldsymbol{u} = \mathbf{W}\boldsymbol{y}, \quad \boldsymbol{v} = \mathbf{W}\boldsymbol{z} \tag{3.52}$$

とおけば

$$\mathrm{Prob}\left\{u_i v_i < 0\right\} = \Phi_D(d) = \frac{2}{\pi}\sin^{-1}\sqrt{d}, \tag{3.53}$$

したがって $\boldsymbol{z}$ と $\boldsymbol{y}$ が同じ子状態を持つ確率（$\boldsymbol{z}$ が $\boldsymbol{x}$ の親状態である確率）は，

$$p(d) = \left\{1 - \Phi_D(d)\right\}^p . \tag{3.54}$$

ところで，$\boldsymbol{y}$ から距離 $d = r/p$ だけ離れた状態は ${}_n\mathrm{C}_r$ 個ある．このうちの 1 つが $\boldsymbol{x}$ の親状態である確率は $p(d)$ であるから，

$$c = \sum_{r=0}^{p} {}_p\mathrm{C}_r \left\{1 - \Phi_D\left(\frac{r}{n}\right)\right\}^p . \tag{3.55}$$

このオーダーを求めるために

$$\xi(d) = \begin{cases} 0, & d > 0.5 \\ 1 - \Phi_D(0.5), & 0 \le d \le 0.5 \end{cases} \tag{3.56}$$

を考えれば，

$$c > \sum_r {}_p\mathrm{C}_r \left\{\xi\left(\frac{r}{p}\right)\right\}^p = \frac{1}{2}2^p\left\{1 - \Phi(0.5)\right\}^p , \tag{3.57}$$

したがって c は p の指数オーダーで発散する．つまり，ごく少数の状態が親を多数持つことがいえる．集中度が大きければ，アトラクター集合は小さくなり，過渡状態がアトラクターに落ち込むステップ数は小さく，回路は素早くアトラクターに落ち込むことが予想される．

ちなみにランダムグラフの場合は，ある $\boldsymbol{x}$ について，$\boldsymbol{y}$ が親状態である確率は $1/2^p$ で独立である．したがって，親状態の数は p が大きければポアソン分布に従い

$$p_k = \frac{1}{ek!}. \tag{3.58}$$

これより

$$c = \sum k^2 p_k = 2. \tag{3.59}$$

集中度は 2 であって，親の数が集中することはない．

3.5.6　距離法則とアトラクター

ここで，ランダム神経回路の状態遷移図の例を 1 つ書いておこう（図 3.6）．$p = 9$，状態数は $2^p = 512$ である．こうしたグラフを多数書いてみれば，どれも似ても似つかぬ形にも思えるが，それでも何らかの共通のマクロな性質を持つはずである．これらはランダムグラフとは似ても似つかない．たとえば，アトラクターの大きさは 10 であって p に近い．過渡状態がアトラクターに収束するのも，素早いように見える．

そこで，距離の法則を用いて，統計神経力学の強法則が成立するとしてさらに解析を進める．2 点 $\boldsymbol{x}, \boldsymbol{x}'$ の距離はこの法則に従えば，平衡状態で $\bar{D}$ に近づく．したがって 2 つのアトラクターの中の状態を取れば，その距離はどれも $\bar{D}$ であることになる．ところが等距離にある点は p 次元空間でシンプレックスをなし，高々 $p+1$ 点しか取れない．すなわち，アトラクターの個数は高々 $p+1$ であるように見える．シミュレーションを実行しようにも，p はそうは大きくできない．何しろ状態数が 2^p で増えるからである．

私がシミュレーションを行ったのは 1960 年代の終わりで，東大の大型計算機センターへ行き，Fortran のプログラムをパンチカードに打ち込んで使った．ところが使えるユーザーメモリーの容量は 256 k ワードであると知らされ，大変苦労して，工夫したプログラムを組んだのだが，$p = 13$ にするともう実行できなかった．

離散のランダム神経回路の状態遷移図は気になっていた．その後もいろいろと試みたが，すっきりした答えは出なかった[9]．しかるに Huang と豊泉[10]は，

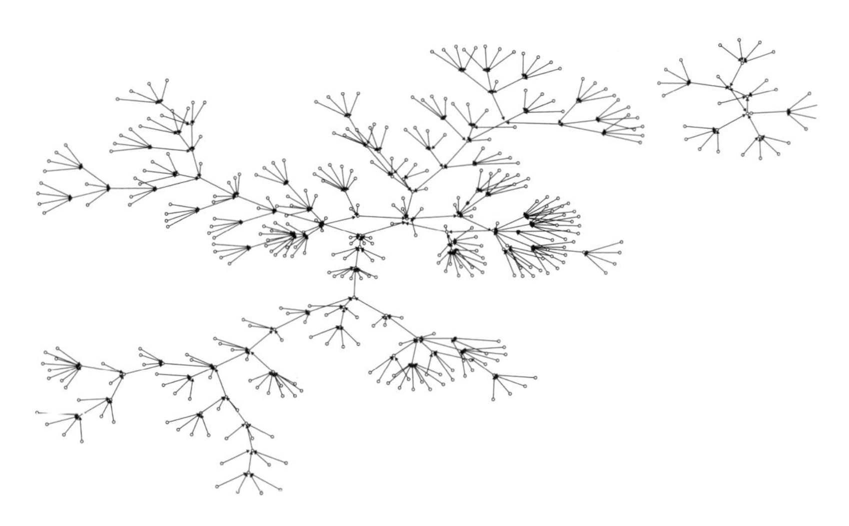

図 3.6　ランダム神経回路網の状態遷移図の例．

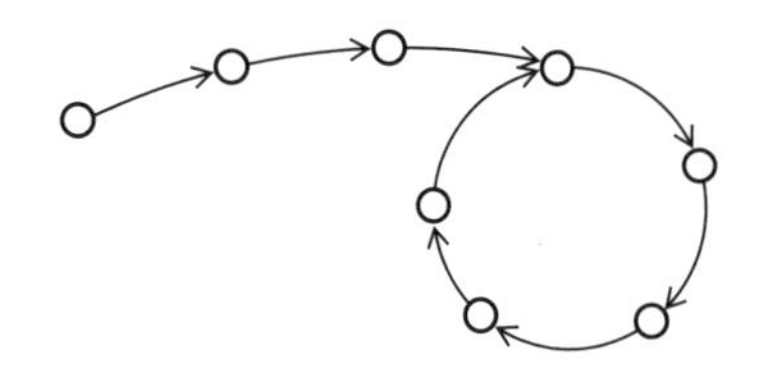

図 3.7　アトラクターに落ち込む状態遷移則.

統計力学の手法を展開し，私の夢を打ち砕いた．彼らはある初期状態 $\boldsymbol{x}$ から出発し，状態遷移の列 $\boldsymbol{x}_1, \boldsymbol{x}_2, \cdots, \boldsymbol{x}_t, \cdots$ を考えた．するとこの系列はいずれ有限の $t < 2^p$ でアトラクターに落ちるから，図 3.7 のような ρ 状の形をしている．ここで系列上の 2 状態の距離 $D(\boldsymbol{x}_t, \boldsymbol{x}_{t+s})$ を，平均場理論を用いて解析した．p を無限大に飛ばせば，強法則の下でこれは距離法則 (3.30) に従い，やはり $\bar{D}$ に収束してしまう．ところが p は現実には有限であるから，距離の状態遷移法則には $1/\sqrt{p}$ のオーダーのゆらぎが伴う．もちろんゆらぎは $p \to \infty$ で 0 になる．しかし，状態がアトラクターに入ってしまえば，ゆらぎの効果だけが残る．p を十分に大きい有限としてこの効果を入れて状態遷移のダイナミクスを解析し，次の結果を得ている．

定理 3.2　アトラクターのサイズは p の指数オーダーで増大する．アトラクターの異なるサイクルの数は p のオーダー，過渡状態の長さも p の指数オーダーで増大する．

彼らは理論をもっと精密に，具体的に計算をしているが，ここで紹介するには高度すぎる[10)]．

終わりの一言

再帰回路網は現在の状態をフィードバックして入力とするもので，時間発展のダイナミクスを持つ．層状の神経回路網は，時間軸を空間に展開したものと見なせるから，統計神経力学の基本式は同じものが成立する．しかし違いもある．第一は信号の空間 S の次元は再帰回路ではいつまでたってもニューロン数 p のままである．層状回路網はニューロン数 p を増やすことにより，信号を高次元に写すことができた．再帰結合の空間では，S の次元は変わらず，非線形変換により座標系が歪んで，曲座標系となるだけである．いずれにせよ，計量の変換則を導くことができる．このとき，鍵となるのは微小線素の拡大率 χ であった．χ が 1 に近いところで，カオスダイナミクスが生ずる．

再帰回路では，余分の次元はないから，高次元の空間にはみ出す曲率は生まれない．しかし，信号空間の座標軸は曲がってきて，曲座標となる．その様相は，アファイン接続の係数で示せるが，ここから各座標系の座標軸のスカラー曲率が計算できる．これらの計算は深層回路でも再帰回路でも同じである．χ が 1 に近いカオスの縁で，曲率が極めて大きくなる．この様相を $p \to \infty$ とせずに調べる必要がある．

統計神経力学の基礎について見れば，層状回路では各層ごとにランダムな結合を独立に定めるから，層が進んでも相関は容易に断ち切れて，平均場近似が正当化できる．しかし，再帰回路では同じ重みを用いて時間発展をするのでより深刻である．

最後の節ではランダム神経回路の状態遷移図を巡って脱線した．ランダム回路の距離法則の研究は，後に物理の研究者も行っているが[11]，多数の物理の論文と同じで私の論文を引用しているわけではない．彼等は再発見であることを知らず，物理学者以外にこんな解析はできないと文献を調べもしない．ニューロン数を p とすれば，状態数は 2^p で，極めて多い．しかし有限であるから，有限時間（高々 2^p 時間）で状態はアトラクターに入る．このため，p が有限のときに，ゆらぎが無視できないうちにアトラクターに入ってしまう．漸近理論を展開しようにも，有限サイズ効果が極めて大きいのである．

翻って，本来の連続値の再帰神経回路もしくは層状回路の場合はどうであろうか．距離法則によって，t が十分に大きければ，状態は $p+1$ 次元シンプレックスに収束する．しかし p が大きいとしても有限サイズ効果で当然ゆらぎを伴う．ただ，2 値の離散系と違って状態数は無限であるから，2 値のときの解析はそのままでは使えない．有限効果がどのように現れるかは，これから研究すべき興味ある問題である．

篠本たちは，2 値の場合の有限効果を示す結果を得ている[12]．マクロな活動度 A のダイナミクスは p をある程度大きくすれば，すぐに巨視的方程式に従う．しかしミクロな $\boldsymbol{x}$ の状態遷移はまだ収束していなくて，1 つの素子をフリップするとその影響は拡大していく．p をさらに大きくすると，ミクロにも状態遷移は安定してアトラクターに入るが，それにはさらに大きい p を必要とする．マクロ力学とミクロ力学では，p を大きくしたときのゆらぎの収束の仕方が違う．どうせ p は有限なのだから，強法則が成立しなければ，ゆらぎの解析は重要である．

参考文献

1) L.I. Rozonoer, Random logical nets, I, II and III. *Avtomatika I Telemekhanika*, Nos., **5**, **6**, **7**; 137–147, 99–109, 127–136, 1969.

2) S. Amari, A method of statistical neurodynamics. *Kybernetik*, **14**, 201–215, (Heft 4) April 1974.

3) S. Amari, K. Yoshida and K. Kanatani, A Mathematical Foundation for Statistical Neurodynamics. *SIAM J. Appl. Math.*, Vol.**33**, pp.95–126, 1977.

4) M. Lukosevicius and H. Jaeger, Reservoir computing approach to recurrent neural network training. *Computer Science Review*, **3**, 127–149, 2009.

5) W. Maass, T. Natschläger, and H. Markram, Real-time computing without stable states: A new framework for neural computation based on perturbations. *Neural*

Computation, **14**, 2531–2560, 2002.

6) T. Toyoizumi and L.F. Abbott, Beyond the edge of chaos: Amplification and temporal integration by recurrent networks in the chaotic regime. *Physical Review E* **84**, 051908, 2011.

7) C. van Vreeswijk and H. Sompolinsky, Chaos in neuronal networks with balanced excitatory and inhibitory activity. *Science*, **274**, 1724–1726, 1996.

8) J. Tani, Exploring Robotic Minds, Oxford U. Press, 2017.（邦訳: 谷淳, ロボットに心は生まれるか, 福村出版, 2023.）

9) S. Amari, H. Ando, T. Toyoizumi and N. Masuda, State concentration exponent as a measure of quickness in Kauffman-type networks. *Physical Review E*, **87**, 022814, 2013.

10) H. Huang and T. Toyoizumi, Clustering of neural code words revealed by a first-order phase transition. *Physical Review E*, **93**, 062416, 2016.

11) B. Derrida and Y. Pomeau, Random networks of automata: A simple annealed approximation. *Europhysics Letters*, **1**, 1986.

12) Y. Yamanaka, S. Amari and S. Shinomoto, Microscopic instability in recurrent neural networks. *Physical Review E*, **91**, 032921, 2015.

第 4 章
深層回路の学習

学習を論議するところまでやっと来た．深層回路の学習には，確率勾配降下法が使われる．勾配を具体的に計算するには，回路を逆向きにたどって誤差を伝播させる**バックプロパゲーション**が有用である．ランダム回路で誤差を逆向きに伝播させると，誤差信号はどのような変換を受けるだろう．これは統計神経力学で調べることができ，面白いことに**信号の順方向の伝播**と**誤差の逆方向の伝播**が類似の構造をしている[1]．**Fisher 情報行列**は，パラメータである結合の重みが微小に変化したときの，回路の動作の感度を示すが，これは誤差を通じて書けるので，やはり統計神経力学で計算できる．しかもこれは，収束した最適点の近傍では損失関数のヘッシアンに等しい．学習の最終段階での収束速度はヘッシアンの固有値つまり情報行列で決まる．本章は，確率勾配学習の歴史的起源と，統計神経力学を用いた誤差逆伝播の仕組みを述べる．

4.1　確率勾配降下法

一番単純な入出力関係の**回帰問題**を考える．もちろん，入力を多数のクラスに分類する**識別問題**に対しても同様の理論が作れるが，ここでは述べない．入力ベクトル $\boldsymbol{x}$ に対して出力 y が決まり，入出力関係が多次元のパラメータ $\boldsymbol{\theta}$ を用いて決まる

$$y = f(\boldsymbol{x}, \boldsymbol{\theta}) + \varepsilon \tag{4.1}$$

というモデルを考えよう．ε はランダム誤差で，平均 0，分散 1 の標準正規分布に従うとする（分散 σ^2 としてもよいが 1 で十分である）．深層回路の場合は，この f が層から層への**入れ子構造の関数**になっていて，多数の層の重みベクトル $\overset{l}{\boldsymbol{w}}_i$ ($l = 1, \cdots, L$; $i = 1, \cdots, \overset{l}{p}$; $\overset{l}{p}$ は l 層の素子数) で決まる．だから $\boldsymbol{\theta}$ の成分 θ_i は実はこれらの重みの成分すべてからなり，その総数は巨大な数になる．パラメータの総数を P とする．ここで記述を簡単にするためにバイ

アス項 b を省いて書いたが，これももちろん必要で，重みベクトルに含めて考える．

真の値 $\boldsymbol{\theta}^*$ があったとしよう．これがない場合は，真の入出力を記述するのに最も良いパラメータを $\boldsymbol{\theta}^*$ とする．訓練用の入出力のデータが，時間とともに一つずつ利用できるものとする．時刻 t での入力を $\boldsymbol{x}_t$，誤差抜きの教師信号を $y_t^* = f(\boldsymbol{x}_t, \boldsymbol{\theta}^*)$ とし，データを

$$D = \{(\boldsymbol{x}_1, y_1^*), \cdots, (\boldsymbol{x}_t, y_t^*), \cdots\} \tag{4.2}$$

と書く．これを利用して，$(\boldsymbol{x}_t, y_t^*)$ をもとに現在（時刻 t）のパラメータ $\boldsymbol{\theta}_t$ を変えていき，だんだんと最適な $\boldsymbol{\theta}^*$ に近づけようというのが，**オンライン学習**である．

入力 $\boldsymbol{x}_t$ が入ったとき，パラメータ $\boldsymbol{\theta}_t$ の現在の回路は，出力として $y_t = f(\boldsymbol{x}_t, \boldsymbol{\theta}_t) + \varepsilon$ を出すが，これは教師信号の指示する y_t^* とは違う．このとき，誤差

$$e_t = f(\boldsymbol{x}_t, \boldsymbol{\theta}_t) - y_t^* = f(\boldsymbol{x}_t, \boldsymbol{\theta}_t) - f(\boldsymbol{x}_t, \boldsymbol{\theta}^*) + \varepsilon \tag{4.3}$$

を用い，損失として**二乗誤差**

$$l(\boldsymbol{x}_t, y_t^*, \boldsymbol{\theta}_t) = \frac{1}{2} e_t^2 \tag{4.4}$$

を考える（識別のときには損失として**クロスエントロピー**を使うことが多い）．パラメータが $\boldsymbol{\theta}$ であるときの期待損失は，l の期待値で表せ

$$L(\boldsymbol{\theta}) = \mathrm{E}[l(\boldsymbol{x}, y^*, \boldsymbol{\theta})] \tag{4.5}$$

である．期待値 E は，入力 $\boldsymbol{x}$ の確率分布を $q(\boldsymbol{x})$ として，$(\boldsymbol{x}, y^*)$ について取る．

$\boldsymbol{\theta}$ を少し動かせば，L も変化する．L の勾配がこの変化率を示すから，損失を減らすには現在の $\boldsymbol{\theta}$ を

$$\Delta\boldsymbol{\theta} = -\eta \frac{\partial L(\boldsymbol{\theta})}{\partial \boldsymbol{\theta}} \tag{4.6}$$

だけ変えればよい．η は**学習係数**で小さい値とする．$L(\boldsymbol{\theta})$ は未知で，分かっているのは現在の入出力 $(\boldsymbol{x}_t, y_t)$ と教師信号 y_t^* であるから，L の代わりに現在の (4.4) の損失 $l(\boldsymbol{x}_t, y_t)$ を学習に用いる．

$$\frac{\partial l(\boldsymbol{x}, y^*, \boldsymbol{\theta})}{\partial \boldsymbol{\theta}} = e \frac{\partial f(\boldsymbol{x}, y^*, \boldsymbol{\theta})}{\partial \boldsymbol{\theta}} \tag{4.7}$$

であるから，差分形式の**学習方程式**

$$\Delta\boldsymbol{\theta}_t = -\eta e_t \frac{\partial f}{\partial \boldsymbol{\theta}} \tag{4.8}$$

が得られる．これは現在の $\boldsymbol{\theta}_t$ を確率変数 $(\boldsymbol{x}_t, y_t^*)$ の実現値に基づいて修正する**確率差分方程式**であり，この式の期待値は

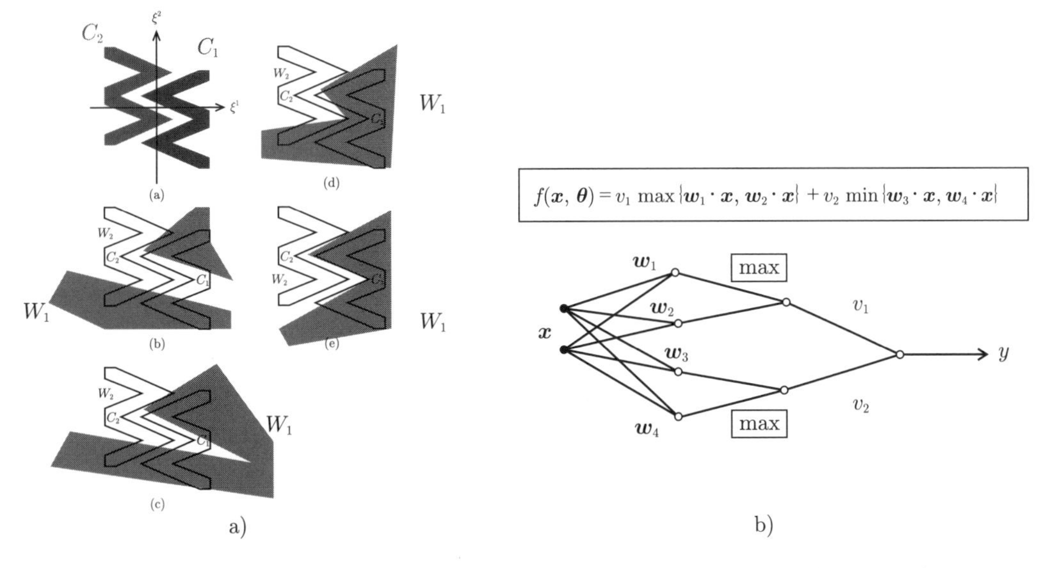

図 4.1　a) 線形分離不可能なパターンの分類．b) アナログニューロン多層回路網[3]．

$$\mathrm{E}\left[\Delta\boldsymbol{\theta}_t\right] = -\eta\frac{\partial L\left(\boldsymbol{\theta}_t\right)}{\partial\boldsymbol{\theta}} \tag{4.9}$$

であるから，期待値の意味で損失関数 L を減らす**勾配降下法**である．

日本でもコンピュータが使えるようになって，**線形分離可能**ではない 2 つのパターン群を，多層の神経回路網を使った学習で分離するシミュレーションを九州大学で行った．これが多分世界で最初の多層神経回路網の学習の中間層のシミュレーションであろう．その図を 1968 年に発刊された私の本から引用しておこう[3]．個々のパターンは 2 次元平面上の点で与えられ，それらはクラス 1 とクラス 2 に分かれ，2 つの横 W 型をなして入り込んで分布していて，この 2 つのクラスは線形分離可能ではない (図 4.1 a))．そこで，図 4.1 b) に示すような 5 層の神経回路網を考え，その重みを学習する．こんな簡単な例だと多くの場合 50 回ぐらいの学習で収束する．ただし，収束しない場合もあり，局所解の存在にも気が付いていた．

4.2　逆誤差伝播法（バックプロパゲーション）

多層パーセプトロンは Rosenblatt の著書では提案されていたものの，中間層の素子の学習は長い間行えず，最終層の出力層の学習のみであった．これは McCulloch–Pitts ニューロンを用いていたためである．私は微分可能な**アナログニューロン**を用いてこの難点を突破した[2]．1976 年に Rumelhart, Hinton, Williams の 3 人は，確率勾配降下学習法に気づいて，アナログ神経素子を用いればこれで中間層の学習が行えることを見出した[4]．記念碑的な論文である．これは Tsypkin, 甘利，Werbos らがすでに提唱していたことではあった．しかし多層回路での勾配の計算を実際に行う際に，損失のパラメータ微分を各層でいちいち個別に計算するのではない．f は入れ子関数であり，その微分であるから，上の最終層から始めて微分を逐次行っていけばよい．彼らは微分を実行すると誤差が第 L 層から順に逆伝播していくことを見出した．素晴らしい発見である．**計算論**の立場からも，複雑な入れ子の関数の微分値の数値計算法として優れたアルゴリズムである．

第 l 層のパラメータ $\overset{l}{\boldsymbol{w}}_i$ に関しては，学習則は，(4.4) の $l(\boldsymbol{x}, y^*, \boldsymbol{\theta})$ を微分すれば

$$\Delta \overset{l}{\boldsymbol{w}}_i = -\eta e \frac{\partial f}{\partial \overset{l}{\boldsymbol{w}}_i} \tag{4.10}$$

となる．

f の微分を具体的に計算するために，良い機会であるからもう一度深層回路のいろいろな量の関係を書いておく．まず，最終出力

$$y = f(\boldsymbol{x}, \boldsymbol{\theta}) \tag{4.11}$$

であるが，これを L 層の出力 $\overset{L}{\boldsymbol{x}}$ の先の $L+1$ 層の出力と考えて

$$\overset{L+1}{x} = \overset{L+1}{u} = f(\boldsymbol{x}, \boldsymbol{\theta}) \tag{4.12}$$

と書こう．いま，最終出力 y は 1 次元としたから，これらはスカラー量である．そして各層での入出力関係式を，$l\ (l = 1, 2, \cdots, L+1)$ 層では

$$\overset{l}{\boldsymbol{x}} = \varphi\left(\overset{l}{\boldsymbol{u}}\right) \quad \text{(成分ごとの関数)}, \tag{4.13}$$

$$\overset{l}{\boldsymbol{u}} = \overset{l}{\mathbf{W}} \overset{l-1}{\boldsymbol{x}} \tag{4.14}$$

と書く．$\overset{l}{\mathbf{W}}$ は横ベクトル $\overset{l}{\boldsymbol{w}}_1, \cdots, \overset{l}{\boldsymbol{w}}_{p_l}$ を縦に並べた $p_l \times p_{l-1}$ 行列

$$\overset{l}{\mathbf{W}} = \begin{bmatrix} \overset{l}{\boldsymbol{w}}_1 \\ \vdots \\ \overset{l}{\boldsymbol{w}}_{p_l} \end{bmatrix}, \tag{4.15}$$

最終層の出力は線形であるから，そのときに限り出力関数は $\varphi(u) = u$ である．また，$y = \overset{L+1}{x}$ を出力に出すときの重みをベクトル $\boldsymbol{v}$ としてきたが，これは新しく導入した

$$\overset{L+1}{\mathbf{W}} = \boldsymbol{v} \tag{4.16}$$

の 1 行 $\overset{L}{p}$ 列の行列（横ベクトル）である．こうすれば，出力 y が 1 つではなくて多数ある場合も，同様に扱える．

欲しいのは入力を $\overset{0}{\boldsymbol{x}}$ としたときの入れ子状の関数

$$f(\overset{0}{\boldsymbol{x}}) = \overset{L+1}{\mathbf{W}}\varphi\left(\overset{L}{\mathbf{W}}\varphi\left(\overset{L-1}{\mathbf{W}}\cdots\overset{0}{\boldsymbol{x}}\right)\cdots\right) \tag{4.17}$$

のパラメータによる微分である．そこで微分の関係式を明らかにしておく．l 層での変換に絡んだ $\overset{l}{\boldsymbol{x}}$ と $\overset{l}{\boldsymbol{u}}$ について，層による変換の Jacobi 行列

$$\overset{l+1}{\mathbf{X}} = \frac{\partial\overset{l+1}{\boldsymbol{x}}}{\partial\overset{l}{\boldsymbol{x}}}, \tag{4.18}$$

$$\overset{l+1}{\mathbf{U}} = \frac{\partial\overset{l+1}{\boldsymbol{u}}}{\partial\overset{l}{\boldsymbol{u}}} \tag{4.19}$$

を定義しよう．ここで対角行列

$$\overset{l+1}{\mathbf{D}} = \frac{\partial\overset{l+1}{\boldsymbol{x}}}{\partial\overset{l+1}{\boldsymbol{u}}} = \mathrm{diag}\left\{\varphi'\left(\overset{l+1}{u}_i\right)\right\} \tag{4.20}$$

を用いれば

$$\overset{l+1}{\mathbf{X}} = \frac{\partial\overset{l+1}{\boldsymbol{x}}}{\partial\overset{l+1}{\boldsymbol{u}}}\frac{\partial\overset{l+1}{\boldsymbol{u}}}{\partial\overset{l}{\boldsymbol{x}}} = \overset{l+1}{\mathbf{D}}\,\overset{l+1}{\mathbf{W}} \tag{4.21}$$

のように行列で書ける．ここで $\partial\boldsymbol{u}/\partial\boldsymbol{x}$ より決まる行列 $\overset{l}{\mathbf{W}}$ はバイアス項を含まないことに注意.

最終層の出力が $f = \overset{l+1}{x} = \overset{l+1}{u}$ であったから，微分の再帰構造によって，

$$\frac{\partial f}{\partial\overset{l}{\boldsymbol{x}}} = \frac{\partial\overset{L+1}{\boldsymbol{x}}}{\partial\overset{l}{\boldsymbol{x}}} = \overset{L+1}{\mathbf{X}}\,\overset{L}{\mathbf{X}}\cdots\overset{l+1}{\mathbf{X}} = \overset{L+1}{\mathbf{W}}\,\overset{L}{\mathbf{D}}\,\overset{L}{\mathbf{W}}\cdots\overset{l+1}{\mathbf{D}}\,\overset{l+1}{\mathbf{W}}. \tag{4.22}$$

はじめの $\overset{L+1}{\mathbf{W}} = \boldsymbol{v}$ がベクトルであるから，これはベクトルである．$\overset{l}{\mathbf{U}}$ についても同様で,

$$\overset{l+1}{\mathbf{U}} = \overset{l+1}{\mathbf{W}}\overset{l}{\mathbf{D}}, \tag{4.23}$$

$$\frac{\partial f}{\partial\overset{l}{\boldsymbol{u}}} = \prod_{i=l}^{L+1}\overset{i}{\mathbf{U}} = \overset{L+1}{\mathbf{U}}\cdots\overset{l}{\mathbf{U}} = \overset{L+1}{\mathbf{W}}\overset{L}{\mathbf{D}}\cdots\overset{l}{\mathbf{W}}\overset{l}{\mathbf{D}}. \tag{4.24}$$

$\partial f/\partial\overset{l}{\boldsymbol{u}}$ もベクトルである.

一方，パラメータ $\overset{l}{\mathbf{W}}$ による出力の微分（これはパラメータの感度といってもよい）を行列 $\overset{l}{\mathbf{Z}}$ で表すと,

$$\frac{\partial\overset{l}{\boldsymbol{u}}}{\partial\overset{l}{\mathbf{W}}} = \overset{l-1}{\boldsymbol{x}} \tag{4.25}$$

であるから（バイアス項に対しては $x_0 = 1$),

$$\overset{l}{\mathbf{Z}} = \frac{\partial f}{\partial\overset{l}{\mathbf{W}}} = \frac{\partial f}{\partial\overset{l}{\boldsymbol{u}}}\,\frac{\partial\overset{l}{\boldsymbol{u}}}{\partial\overset{l}{\mathbf{W}}} = \overset{L+1}{\mathbf{U}}\cdots\overset{l}{\mathbf{U}}\circ\overset{l-1}{\boldsymbol{x}}, \tag{4.26}$$

ここで$\circ$は2つのベクトルのテンソル積で，$\overset{l}{\mathbf{Z}}$は行列である．

この記法を用いて，l層での計量の変換則を見ておこう．

$$d\overset{l}{\boldsymbol{x}} = \overset{l}{\mathbf{X}} d\overset{l-1}{\boldsymbol{x}} \tag{4.27}$$

より，$d\overset{l}{\boldsymbol{x}}$の長さの2乗$d\overset{l}{s}{}^2 = d\overset{l}{\boldsymbol{x}} \cdot d\overset{l}{\boldsymbol{x}}$は

$$d\overset{l}{s}{}^2 = d\overset{l-1}{\boldsymbol{x}}{}^T \left(\overset{l}{\mathbf{X}}{}^T \overset{l}{\mathbf{X}} \right) d\overset{l-1}{\boldsymbol{x}} \tag{4.28}$$

である．$\overset{l}{\mathbf{X}}{}^T\overset{l}{\mathbf{X}}$は前に計算したが，ここでもう一度やっておこう．

$$\overset{l}{\mathbf{X}}{}^T \overset{l}{\mathbf{X}} = \overset{l}{\mathbf{W}}{}^T \overset{l}{\mathbf{D}}{}^2 \overset{l}{\mathbf{W}} \tag{4.29}$$

であるから，これを成分で書けば，上につくlを省略して

$$\left(\mathbf{X}^T\mathbf{X}\right)_{jk} = \sum_i w_{ij} w_{ik} \varphi'(u_i)^2 \tag{4.30}$$

のように書ける．これは多数のiについて同一の分布を持つ確率変数の和である．しかも，u_iはすべてのw_{ij}に依存しているが，和を取るため一個一個のw_{ij}への依存程度は希薄であった．だから，大数の法則と平均場近似を用いれば

$$\left(\mathbf{X}^T\mathbf{X}\right)_{jk} = \mathrm{E}\left[w_{ij} w_{ik}\right] \mathrm{E}\left[\varphi'(u_i)^2\right], \tag{4.31}$$

$$\overset{l}{\chi} = \overset{l}{\sigma}{}_w^2 \mathrm{E}\left[\varphi'(u_i)^2\right] \tag{4.32}$$

であるから，$\mathbf{I}$を単位行列として

$$\overset{l}{\mathbf{X}}{}^T \overset{l}{\mathbf{X}} = \overset{l}{\chi} \mathbf{I}, \tag{4.33}$$

これより

$$d\overset{l}{s}{}^2 = \overset{l}{\chi} d\overset{l-1}{s}{}^2 \tag{4.34}$$

を得た．ここで$\overset{l}{\chi}$は$\overset{l}{A}$を通じて$\overset{l}{\boldsymbol{x}}$に依存したが，$\overset{l}{A}$は$\bar{A}$に収束するので，定数と考えてよい．

さて，(4.27)より

$$d\overset{L}{\boldsymbol{x}} = \overset{L}{\mathbf{X}} \cdots \overset{l}{\mathbf{X}} d\overset{l}{\boldsymbol{x}} \tag{4.35}$$

である．従って

$$d\overset{L}{s}{}^2 = d\overset{L}{\boldsymbol{x}}{}^T d\overset{L}{\boldsymbol{x}} = d\overset{l}{\boldsymbol{x}}{}^T \left(\overset{L}{\mathbf{X}} \cdots \overset{l}{\mathbf{X}} \right)^T \left(\overset{L}{\mathbf{X}} \cdots \overset{l}{\mathbf{X}} \right) d\overset{l}{\boldsymbol{x}}. \tag{4.36}$$

ここで，(4.33)を使うと次の**ドミノ倒し**補題を得る．$\overset{l}{\mathbf{U}}$についても同様である．

ドミノ倒し補題

$$\left(\overset{L}{\mathbf{X}}\cdots\overset{l}{\mathbf{X}}\right)^T\left(\overset{L}{\mathbf{X}}\cdots\overset{l}{\mathbf{X}}\right)=\prod_{m=l}^{L}\overset{m}{\chi}\,\mathbf{I}, \tag{4.37}$$

$$\left(\overset{L}{\mathbf{U}}\cdots\overset{l}{\mathbf{U}}\right)\left(\overset{L}{\mathbf{U}}\cdots\overset{l}{\mathbf{U}}\right)^T=\prod_{m=l}^{L}\overset{m}{\chi}\,\mathbf{I}. \tag{4.38}$$

証明は簡単で

$$\left(\overset{L}{\mathbf{X}}\cdots\overset{l}{\mathbf{X}}\right)^T\left(\overset{L}{\mathbf{X}}\cdots\overset{l}{\mathbf{X}}\right)=\overset{l}{\mathbf{X}}^T\cdots\left(\overset{L}{\mathbf{X}}^T\overset{L}{\mathbf{X}}\right)\cdots\overset{l}{\mathbf{X}} \tag{4.39}$$

より，(4.33) によって内側から $\overset{L}{\mathbf{X}}^T\overset{l}{\mathbf{X}}$ が $l=L$ から始まって次々と $\overset{l}{\chi}\,\mathbf{I}$ になるからである．$\mathbf{U}$ についても同様であるから省略する．

誤差 e についても，計量と同様のことがいえる．損失関数の微分は

$$\overset{l}{\mathbf{Z}}=\frac{\partial l}{\partial \overset{l}{\mathbf{W}}}=e\prod_{i=L+1}^{l}\overset{i}{\mathbf{U}}\circ\overset{i-1}{\boldsymbol{x}} \tag{4.40}$$

である．e は最終出力の誤差で，l 層の素子に与えられる誤差を，新しく l 層の**誤差ベクトル**

$$\overset{l}{\boldsymbol{e}}=e\,\overset{L+1}{\mathbf{U}}\cdots\overset{l}{\mathbf{U}} \tag{4.41}$$

で定義しよう．$\overset{l}{\boldsymbol{e}}$ は p_l 次元横ベクトルで，$\overset{l}{\boldsymbol{e}}$ の成分が l 層の各素子に与えられる誤差である．学習の方程式は

$$\varDelta\overset{l}{\mathbf{W}}=-\eta\overset{l}{\boldsymbol{e}}\circ\overset{l-1}{\boldsymbol{x}} \tag{4.42}$$

のように書けて，l 層の素子への入力を $\overset{l}{\boldsymbol{x}}$，誤差を $\overset{l}{\boldsymbol{e}}$ とすると，各ニューロンの学習法則に合致する．このとき，誤差ベクトルは漸化式

$$\overset{l}{\boldsymbol{e}}=\overset{l+1}{\boldsymbol{e}}\,\overset{l}{\mathbf{U}} \tag{4.43}$$

に従う．これは誤差が層を逆順に伝播していくから，**誤差逆伝播**と呼んだ．素晴らしいアイデアであり，一世を風靡し今でも使われている．

誤差ベクトル $\overset{l}{\boldsymbol{e}}$ の大きさはどうであろう．誤差 $\overset{l}{\boldsymbol{e}}$ の大きさの逆伝播は $l+1$ 層から l 層へ

$$\overset{l}{\boldsymbol{e}}\cdot\overset{l}{\boldsymbol{e}}=\left(\overset{l+1}{\boldsymbol{e}}\,\overset{l}{\mathbf{U}}\right)\cdot\left(\overset{l+1}{\boldsymbol{e}}\,\overset{l}{\mathbf{U}}\right)=\overset{l}{\boldsymbol{e}}\,\overset{l}{\mathbf{U}}\,\overset{l}{\mathbf{U}}^T\overset{l}{\boldsymbol{e}}^T \tag{4.44}$$

となる．$\overset{l}{\mathbf{X}}^T\overset{l}{\mathbf{X}}$ の場合と同様にして

$$\overset{l}{\mathbf{U}}\,\overset{l}{\mathbf{U}}^T=\overset{l-1}{\mathbf{D}}\,\overset{l}{\mathbf{W}}\,\overset{l}{\mathbf{W}}^T\overset{l-1}{\mathbf{D}} \tag{4.45}$$

が得られる．平均場近似で $\mathbf{D}$ と $\mathbf{W}$ を分離し，大数の法則を使えば，$1/\sqrt{p_l}$ の確率的なゆらぎを無視すれば，

$$\overset{l}{\mathbf{U}}\overset{l}{\mathbf{U}}^T = \overset{l-1}{\chi}\mathbf{I} \tag{4.46}$$

となる．従ってドミノ倒し補題を用いて

$$\left|\overset{l}{\boldsymbol{e}}\right|^2 = \overset{l}{\chi}\left|\overset{l+1}{\boldsymbol{e}}\right|^2 = \prod_{s=l}^{L}\overset{s}{\chi}e^2 \tag{4.47}$$

が得られる．誤差項の 2 乗は $\overset{l}{\chi}$ 倍されて逆伝播する．

$\overset{l}{\chi} < 1$ であれば，層をさかのぼるごとに誤差は縮小し，逆に $\overset{l}{\chi} > 1$ であればどんどん拡大し，学習に使えなくなる．ここでも $\overset{l}{\chi} \approx 1$ の**カオスの縁**が有効ということになる．この解析を行ったのが，Schoenholz らの統計神経力学である[1)]．

後に述べるように Fisher 情報行列 $\mathbf{F}$ も，$\overset{l}{\mathbf{Z}}$ を用いて計算できる．ここでもドミノ倒し補題が有効である．

終わりの一言

深層学習の勾配降下法では，誤差が出力から逆伝播して各層のニューロンに誤差信号を与える．これが逆誤差伝播法であり，素晴らしい発見であった．本章では，勾配降下学習法の歴史に触れた．大規模ランダム深層回路においては，信号の順方向への伝播と類似の仕組みで誤差が逆伝播することが示せる．これが Schoenholz らによる，学習の統計神経力学である[1)]．

参考文献

1) S.S. Schoenholz, J. Gilmer, S. Ganguli, J. Sohl-Dickstein, Deep information propagation. ICLR 2017, arXiv:1611.01232, 2016.
2) S. Amari, Theory of adaptive pattern classifiers. *IEEE Trans.*, EC-**16**, No.3, pp.299–307, 1967（日本語版は 1966）.
3) 甘利俊一, 情報理論 II：情報の幾何学的理論, 共立出版, 1968.
4) D.E. Rumelhart, G. Hinton, R.J. Williams, Learning representations by back-propagating errors. *Nature* **323**, 533–536, 1986.

第 5 章
神経接核理論（NTK）

本章で**神経接核理論**（**NTK, Neural Tangent Kernel**）を解説する[1,2]．素子数が十分に大きければ，パラメータ空間の各点で接空間を考え，そこで線形近似をすれば解が求まるという話である．これは理論研究者に驚きと感激を与えたと思う．その本質を私なりに解釈して分かりやすく伝えることができれば幸いである．この方向でさらに多くの発展が期待できるものと考えている．

5.1 関数空間とパラメータ空間

深層回路網は，神経素子の層を多段に積み，非線形の変換を繰り返して複雑な入出力関係

$$y = f(\boldsymbol{x}, \boldsymbol{\theta}) \tag{5.1}$$

を実現する．パラメータ $\boldsymbol{\theta}$ は，各層の重みベクトルとバイアスからなる P 次元のベクトルである．簡単のため，各層のニューロン数 p を共通とし，層数を L とすれば，$\boldsymbol{\theta}$ は重みとバイアスからなる $P = Lp(p+1)$ 次元のベクトルとなる．なお，各層でのニューロン数は同一である必要はなく，l 層のニューロン数を $\overset{l}{p} = \alpha_l p$ とし，p を十分に大きく取るとしてもよい．この P 次元のパラメータ $\boldsymbol{\theta}$ の空間を S としよう．S の中で $\boldsymbol{\theta}$ を調整して，目的関数 $f^*(\boldsymbol{x})$ を $f(\boldsymbol{x}, \boldsymbol{\theta}^*)$ の形で実現したい．パーセプトロンの万能性により，パラメータ数 P を十分に大きくすれば，与えられた関数 $f^*(\boldsymbol{x})$ をいくらでもよい近似で実現できる $\boldsymbol{\theta}^*$ が存在することが保証されている．

実現したいのは関数 f である．そこで**関数の空間**

$$\mathcal{F} = \{f(\boldsymbol{x})\} \tag{5.2}$$

を考えよう．ただ関数といっても漠然としすぎるから，ガウス入力に対して可積分，

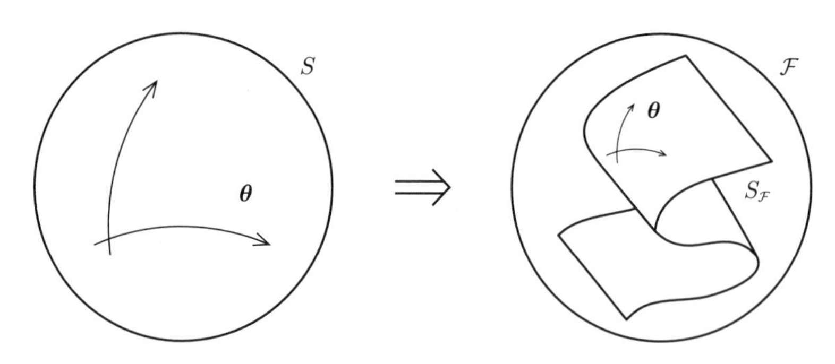

図 5.1　パラメータの空間 S と関数の空間 $\mathcal{F}$.

$$\int f(\boldsymbol{x}) \exp\left\{-\frac{1}{2}\boldsymbol{x}^2\right\} d\boldsymbol{x} < \infty \tag{5.3}$$

である L_2 空間としておく．パラメータ $\boldsymbol{\theta}$ を用いて実現できる関数の全体は，S を $\mathcal{F}$ の中に写像したもので，無限次元の**関数空間** $\mathcal{F}$ の中で P 次元の部分集合をなす（図 5.1）．P を大きくすればいかなる関数も近似できるということは，S の像 $S_{\mathcal{F}}$

$$S_{\mathcal{F}} = \{f(\boldsymbol{x}, \boldsymbol{\theta}), \quad \boldsymbol{\theta} \in S\} \subset \mathcal{F} \tag{5.4}$$

が $\mathcal{F}$ の中で曲がりくねって，ペアノの曲線のように，いたるところを埋め尽くすことを意味する．

$S_{\mathcal{F}}$ は P 次元の部分空間といいたいが，実はこれは多様体をなさない（私はかっこうをつけて神経多様体などと呼んでいたが，実はおかしい）．$S_{\mathcal{F}}$ には**特異構造**が含まれていて，次元が落ちるところがある．いま，S の 2 点 $\boldsymbol{\theta}, \boldsymbol{\theta}'$ を考えたときに，もし

$$f(\boldsymbol{x}, \boldsymbol{\theta}) = f(\boldsymbol{x}, \boldsymbol{\theta}') \tag{5.5}$$

がすべての $\boldsymbol{x}$ に対して成立していれば，この 2 点は $\mathcal{F}$ の中では同一の点に写され，同じ関数を与える．このとき $\boldsymbol{\theta}$ と $\boldsymbol{\theta}'$ は**同値**であるといい，

$$\boldsymbol{\theta} \approx \boldsymbol{\theta}' \tag{5.6}$$

と書く．簡単な例で

$$y = v_1 \varphi(\boldsymbol{w}_1 \cdot \boldsymbol{x}) + v_2 \varphi(\boldsymbol{w}_2 \cdot \boldsymbol{x})$$

を考えよう．$\boldsymbol{\theta} = (\boldsymbol{w}_1, \boldsymbol{w}_2; v_1, v_2)$ である．このとき，$\boldsymbol{w}_1 = \boldsymbol{w}_2$ ならば，c を任意定数として $v_1 = v + c, v_2 = v - c$ を満たす (v_1, v_2) は，どれを取っても同値である．c は任意だから，1 次元に並んだ (v_1, v_2) の組がすべて同値になる．

同値な関係があれば，そこは多対 1 の写像になる．だから，S を**同値関係** $\approx$ で割った**同値類**の集合が $\mathcal{F}$ の中での S の像 $S_{\mathcal{F}}$ である．$S_{\mathcal{F}}$ は特異点を多数

含む複雑な構造をしている．これは面白いがここでは触れない[3]．

ここでの問題は，例題を有限個に限ることで生ずる新しい同値関係である．いま，

$$D = \{(\boldsymbol{x}_1, y_1^*), \cdots, (\boldsymbol{x}_n, y_n^*)\} \tag{5.7}$$

を，学習の例題の集合とする．このときパラメータ空間 S に観測が有限数 n に限られることに由来する同値関係が生ずる．すなわち例題 $\boldsymbol{x}_1, \cdots, \boldsymbol{x}_n$ に対して

$$f(\boldsymbol{x}_i, \boldsymbol{\theta}) = f(\boldsymbol{x}_i, \boldsymbol{\theta}'), \quad i = 1, \cdots, n \tag{5.8}$$

のときに $\boldsymbol{\theta}$ と $\boldsymbol{\theta}'$ は，D 由来の同値関係にあるという．他の $\boldsymbol{x}$ 点では f は等しくなくてよい．$P \gg n$ とすれば，n 個のデータを説明するパラメータは原則として n 個の自由度を持てば事足りるはずで，残りの $P-n$ 次元の部分空間上の点は同値となる．つまり，観測データだけを考えるならば，巨大な同値類があるために，$S_{\mathcal{F}}$ は実質 n 次元の拡がりしか持たない“しょぼくれた”空間になってしまうことに注意しよう．

5.2 関数空間での学習の進行

学習用例題 $(\boldsymbol{x}', y'^*)$ がくると確率勾配降下学習は，l を二乗誤差による損失関数として，パラメータ空間で

$$\dot{\boldsymbol{\theta}} = \frac{d}{dt}\boldsymbol{\theta} = -\eta\partial_{\boldsymbol{\theta}} l = -\eta e\boldsymbol{Z}, \tag{5.9}$$

に従って変化する．ただし，差分の代わりに簡単のため微分

$$\dot{\boldsymbol{\theta}} = \frac{d}{dt}\boldsymbol{\theta} \tag{5.10}$$

を用いた．また $\boldsymbol{Z}$ は関数 f の勾配を表す P 次元の横ベクトル

$$\boldsymbol{Z} = \partial_{\boldsymbol{\theta}} f(\boldsymbol{x}', \boldsymbol{\theta}), \tag{5.11}$$

誤差 e は

$$e = f(\boldsymbol{x}', \boldsymbol{\theta}) + \varepsilon - y'^*. \tag{5.12}$$

ここに，$y' = f(\boldsymbol{x}', \boldsymbol{\theta}) + \varepsilon$ が現在の回路の出力で，y'^* が教師信号が与える正解である．記述を簡単にするために時間 t を連続化して，学習の進行を微分方程式で書いたが，実際は t が離散値を取る差分方程式である．

S で $\boldsymbol{\theta}$ が変われば，その像である $\mathcal{F}$ の中の関数が変わる．関数 $f(\boldsymbol{x}, \boldsymbol{\theta})$ の変わり方を示す時間微分は

$$\dot{f}(\boldsymbol{x}, \boldsymbol{\theta}) = \partial_{\boldsymbol{\theta}} f \cdot \dot{\boldsymbol{\theta}} = -\eta e \partial_{\boldsymbol{\theta}} f(\boldsymbol{x}, \boldsymbol{\theta}) \cdot \partial_{\boldsymbol{\theta}} f(\boldsymbol{x}', \boldsymbol{\theta}) \tag{5.13}$$

のように書ける．$\boldsymbol{x}$ は関数 $f(\boldsymbol{x})$ を表示するための一般の変数で，学習に用いる例題は $\boldsymbol{x}'$ である．ここで，$\boldsymbol{x}$ と $\boldsymbol{x}'$ の関数

$$K\left(\boldsymbol{x}, \boldsymbol{x}'\right)=\partial_{\boldsymbol{\theta}} f(\boldsymbol{x}, \boldsymbol{\theta}) \cdot \partial_{\boldsymbol{\theta}} f\left(\boldsymbol{x}', \boldsymbol{\theta}\right)=\boldsymbol{Z}(\boldsymbol{x}, \boldsymbol{\theta}) \boldsymbol{Z}^T\left(\boldsymbol{x}', \boldsymbol{\theta}\right) \tag{5.14}$$

を導入しよう．これは $\boldsymbol{\theta}$ にも依存している．$\boldsymbol{Z}$ は横ベクトルだったから，$\boldsymbol{Z}\boldsymbol{Z}^T$ はこの内積でスカラーである．これを**核関数**（**カーネル関数**）という．これを使えば，学習の方程式は (5.12) の e を用いて

$$\dot{f}(\boldsymbol{x}, \boldsymbol{\theta})=-\eta e K\left(\boldsymbol{x}, \boldsymbol{x}' ; \boldsymbol{\theta}\right) \tag{5.15}$$

のようになる．

例題は次から次へと多数くる．だから上式を多数の例題について平均すれば，例題による平均を〈　〉で表して，関数の時間変化を

$$\dot{f}(\boldsymbol{x})=-\eta\left\langle K\left(\boldsymbol{x}, \boldsymbol{x}'\right)\left\{y'^*-f\left(\boldsymbol{x}', \boldsymbol{\theta}\right)\right\}\right\rangle \tag{5.16}$$

のように書くことができる．ただし〈　〉は例題 D に対する平均で，任意の関数 a に対して

$$\left\langle a\left(\boldsymbol{x}', y'^*\right)\right\rangle=\sum_{s=1}^n a\left(\boldsymbol{x}_s, y_s^*\right) \tag{5.17}$$

であり，平均 (5.17) に掛かるはずの $1/n$ は η に含ませてしまおう．これは D に対するバッチ処理である．式 (5.16) は f について線形であるから，関数 f についての線形の方程式のように見える．しかし，K が $\boldsymbol{\theta}$ に依存しているので，そうはいかない．

いま n 個の例題をまとめて，入力 $\boldsymbol{x}_s$，$s=1, \cdots, n$ に対して，出力 $f\left(\boldsymbol{x}_s, \boldsymbol{\theta}\right)$ を成分とする n 次元縦ベクトル

$$\boldsymbol{f}(\boldsymbol{\theta})=\left[f\left(\boldsymbol{x}_1, \boldsymbol{\theta}\right), \cdots, f\left(\boldsymbol{x}_n, \boldsymbol{\theta}\right)\right]^T \tag{5.18}$$

を考えよう．$\boldsymbol{y}^*$ も同じく教師信号 $y^*\left(\boldsymbol{x}_s\right)$ を成分とする縦ベクトルで，誤差ベクトルは

$$\boldsymbol{e}(\boldsymbol{\theta})=\boldsymbol{f}(\boldsymbol{\theta})+\boldsymbol{\varepsilon}-\boldsymbol{y}^* . \tag{5.19}$$

さらに $n \times P$ 行列

$$\mathbf{Z}(\boldsymbol{\theta})=\left[\begin{array}{c}\boldsymbol{Z}\left(\boldsymbol{x}_1\right) \\ \vdots \\ \boldsymbol{Z}\left(\boldsymbol{x}_n\right)\end{array}\right] \tag{5.20}$$

を用いる．このとき，データ D に対するパラメータ $\boldsymbol{\theta}$ の学習の方程式は

$$\dot{\boldsymbol{\theta}}=-\eta \mathbf{Z}^T \boldsymbol{e}, \tag{5.21}$$

また，関数 $\boldsymbol{f}$ に対する学習方程式は，$n \times n$ カーネル行列 $\mathbf{K} = (K_{st})$ を

$$K_{st} = \mathbf{Z}\left(\boldsymbol{x}_s, \boldsymbol{\theta}\right) \mathbf{Z}^T\left(\boldsymbol{x}_t, \boldsymbol{\theta}\right), \quad s, t = 1, \cdots, n \tag{5.22}$$

で定義して

$$\dot{\boldsymbol{f}} = -\eta \mathbf{K} \boldsymbol{e}. \tag{5.23}$$

神経接核理論の驚くべきことは，P が十分に大きければ，上記の方程式は $\boldsymbol{\theta}$ がそれほど変化しないうちに，解が正解に収束してしまうことを見出したことにある．したがって $K_{st} = K\left(\boldsymbol{x}_s, \boldsymbol{x}_t; \boldsymbol{\theta}\right)$ をランダムに選んだ一つの初期値 $\boldsymbol{\theta}_0$ のままに固定して解いても，P が十分に大きければ，正解が十分に良い近似で得られることを明らかにした．(5.23) で $\boldsymbol{\theta}$ を初期値に固定してしまえば，これは線形方程式である．証明は後に譲り，先に進もう．

ランダムに選んだ点 $\boldsymbol{\theta}_0$ を固定して，$\boldsymbol{\theta}_0$ の微小変化 $\Delta\boldsymbol{\theta}$ を用い，関数 f を線形化しよう．

$$f\left(\boldsymbol{x}, \boldsymbol{\theta}_0 + \Delta\boldsymbol{\theta}\right) = f\left(\boldsymbol{x}, \boldsymbol{\theta}_0\right) + \mathbf{Z}\left(\boldsymbol{x}, \boldsymbol{\theta}_0\right) \Delta\boldsymbol{\theta}_0. \tag{5.24}$$

すなわち，$\mathcal{F}$ に埋め込まれた $S_{\mathcal{F}}$ で $\boldsymbol{\theta}_0$ 点での接空間を考え，この上で $\Delta\boldsymbol{\theta}$ を動かして線形問題を解く．

さらに，例題 $X = \{\boldsymbol{x}_1, \cdots, \boldsymbol{x}_n\}$ に対してカーネル行列 $\mathbf{K} = (K_{st})$ を (5.22) で

$$\mathbf{K}(X, X) = \mathbf{Z}(X)\mathbf{Z}^T(X) = \partial_{\boldsymbol{\theta}} f(X) \cdot \partial_{\boldsymbol{\theta}} f(X) \tag{5.25}$$

と定義したが，新しい $\boldsymbol{x}$ に対して，

$$\boldsymbol{K}(\boldsymbol{x}, X) = \boldsymbol{Z}(\boldsymbol{x})\mathbf{Z}^T(X) \tag{5.26}$$

と書こう．$\boldsymbol{Z}(\boldsymbol{x})$ はベクトルだから，$\boldsymbol{K}(\boldsymbol{x}, X)$ は $\boldsymbol{x}$ を固定して $X = \{\boldsymbol{x}_s\ ;\ (s = 1, \cdots, n)\}$ の s を成分とするベクトルである．

接空間上では学習の方程式は，

$$\dot{f}(\boldsymbol{x}) = -\eta \boldsymbol{K}_0(\boldsymbol{x}, X)\left(\boldsymbol{f}(X) - \boldsymbol{y}^*\right) \tag{5.27}$$

のように線形の微分方程式である．ただし添字 0 は $\boldsymbol{\theta}$ を $\boldsymbol{\theta}_0$ に固定したことを意味する．これは陽に解ける．解はベクトル

$$\boldsymbol{\Theta}(\boldsymbol{x}, X) = \boldsymbol{K}_0(\boldsymbol{x}, X)\mathbf{K}_0^{-1}(X, X)\left(\mathbf{I} - e^{-\eta \mathbf{K}_0 t}\right) \tag{5.28}$$

を用いて，

$$f_t(\boldsymbol{x}) = f_0(\boldsymbol{x}) + \boldsymbol{\Theta}(\boldsymbol{x}, X)\boldsymbol{y}^* + \boldsymbol{\Theta}(\boldsymbol{x}, X) f_0(\boldsymbol{x}) \tag{5.29}$$

と得られる．少し込み入って見えるが，解 (5.29) を時間 t で微分すれば元の方

程式 (5.23) になることを確かめてほしい．

新しいテストデータ $\boldsymbol{x}$ に対しては，$t \to \infty$ で補完式

$$f(\boldsymbol{x}) = \boldsymbol{K}_0(\boldsymbol{x}, X)\mathbf{K}_0^{-1}(X, X)\left(\boldsymbol{y}^* - \boldsymbol{f}_0\right) + f_0(\boldsymbol{x}) \tag{5.30}$$

を与える．これが線形化学習の解である．ベクトル $\boldsymbol{K}_0(\boldsymbol{x}, X)\mathbf{K}_0^{-1}(X, X)$ は，$\boldsymbol{x} = \boldsymbol{x}_s \in X$ のときは

$$f\left(\boldsymbol{x}_s\right) = y_s^*, \quad s = 1, \cdots, n \tag{5.31}$$

を満たし，学習データの入出力関係を再現する．

$\boldsymbol{\theta}$ をランダムな初期値に固定した $K\left(\boldsymbol{x}, \boldsymbol{x}'\right)$ を**神経接核**（neural tangent kernel, NTK）と呼ぶ[1]．接空間上で解いた解 $\Delta\boldsymbol{\theta}$ が微小のままであれば，$S_{\mathcal{F}}$ 全体で解いた解 $\boldsymbol{\theta}^*$ と線形方程式の解が漸近的に一致し，P が十分に大きければこれが正当化できる．これを次節以降で示す．

5.3 NTK 理論の主要定理：任意のランダム回路の近傍に正解がある—単純パーセプトロンの場合

ここで接空間での議論を合理化する次の定理を述べよう[1,2]．

定理 5.1 パラメータ数 P がデータ数 n に比べて十分に大きいとき，ランダムに選んだ $\boldsymbol{\theta}_0$ の $(1/\sqrt{P})$ のオーダーだけ離れた近傍内に学習方程式の正解が見つかる確率は 1 に近づく．

少し回りくどいが，要するに P が n に比べて十分に大きければ，ランダムに選んだ初期値のほとんどすべてについて，そのすぐ近くに正解がある，ということになる．だから，学習方程式は関数空間で線形化してよい．私はこの話に驚いた．だって，ランダムに選んだ初期値はパラメータ空間 S の中でいたるところに散らばって分布している．そのどの 1 つを取っても（0 に近い確率で起こる例外点を除いて），その近くに正解があるとは，正解もまた広く S のいたるところに分布しているということになる．これに関する論文は，最初の論文[1]の他にも多数あるが[2]，証明を読むと，式は難しいもののフォローはできる．とはいっても数式は数式で，これが追えても心から納得するというわけにはいかない．それなら自分で理論を再構築してみるしかない[4]．

本節では，最も簡単な単純パーセプトロンの場合を証明する．多層の一般の場合は次節で述べる．中間層のニューロン数を p とすると，入出力関数は

$$y = f(\boldsymbol{x}, \boldsymbol{\theta}) = \sum_{i=1}^{p} v_i \varphi\left(\boldsymbol{w}_i \cdot \boldsymbol{x}\right) \tag{5.32}$$

である（バイアス項は無視したが，あるものと考える）．ここでさらに単純化して，中間層の重みベクトル $\boldsymbol{w}_i$ は各成分を独立にランダムに正規分布

$N\left(0, \sigma_w^2/p\right)$ から選び，固定してしまう．学習するのは最後の結合の重み $\boldsymbol{v} = (v_i)$ のみであるとする．単純パーセプトロンであるが，これでも p が十分に大きければ，任意の関数 f を十分に近似できる．$\boldsymbol{v}$ の初期値も $N\left(0, \sigma_v^2/p\right)$ から独立にランダムに選ぶ．関数 f は $\boldsymbol{v}$ について線形であるから，学習の動作の解析は簡単である．

n 組の学習例題 D に対して入出力を書こう．各例題に対する正解の出力である教師信号を n 次元縦ベクトル $\boldsymbol{f}^*$ で表し，パラメータ微分と例題を組み合わせた行列 $\mathbf{Z} = (Z_{si})$ は，$\partial_i = \partial/\partial v_i$ として

$$Z_{si} = \partial_i f(\boldsymbol{x}_s) = \varphi(\boldsymbol{w}_i \cdot \boldsymbol{x}_s) \tag{5.33}$$

であった．これは n 行 p 列の横長の行列である．このとき，例題に対して $\boldsymbol{v}$ が満たす方程式は

$$\boldsymbol{f}^* = \mathbf{Z}\boldsymbol{v} \tag{5.34}$$

のような，$\boldsymbol{v}$ についての線形式になる．学習によって正解 $\boldsymbol{v}$ を求めるのであるが，今の場合線形なので，直接に解が求まる．もし $p = n$ で $\mathbf{Z}$ が縮退していなければ解は $\boldsymbol{v} = \mathbf{Z}^{-1}\boldsymbol{f}^*$ である．しかし $\mathbf{Z}$ は横長の $n \times p$ 行列だったから，変数 $\boldsymbol{v}$ の数 p の方が方程式の数 n より多いので，解は一意に決まらず無数にある．その中でノルムを最小にする解は，$\mathbf{Z}$ の**一般逆行列** $\mathbf{Z}^\dagger$ を用いて

$$\boldsymbol{v}^* = \mathbf{Z}^\dagger \boldsymbol{f}^* \tag{5.35}$$

となる．これを最小ノルム解と呼ぶ．一般逆行列は

$$\mathbf{Z}^\dagger = \mathbf{Z}^T(\mathbf{Z}\mathbf{Z}^T)^{-1} = \mathbf{Z}^T\mathbf{K}^{-1} \tag{5.36}$$

のように求まる．ここに $\mathbf{K}$ はカーネル行列で今の場合

$$K_{st} = \sum_i \varphi(\boldsymbol{w}_i \cdot \boldsymbol{x}_s)\,\varphi(\boldsymbol{w}_i \cdot \boldsymbol{x}_t). \tag{5.37}$$

$\mathbf{Z}$ には**零空間**があり，これを

$$N = \{\boldsymbol{n} \mid \mathbf{Z}\boldsymbol{n} = 0\} \tag{5.38}$$

としよう．これは S の中の $p - n$ 次元の線形部分空間である．(5.34) の一般の解は，N に含まれる任意の $\boldsymbol{n}$ を用いて

$$\boldsymbol{v} = \boldsymbol{v}^* + \boldsymbol{n} \tag{5.39}$$

と書ける．

ここで少し余分のことを書いておこう．第 2 章の 6 節で述べた神経場は $P = \infty$ である．ここでは，$n \to \infty$ としても，零空間 N が存在した．

最小ノルム解 $\boldsymbol{v}^*$ を調べるために，カーネル行列 $\mathbf{K} = (K_{st})$ の各成分

の大きさを調べよう．(5.37) からわかるように，K_{st} はオーダー 1 の量 $\varphi(\boldsymbol{w}_i \cdot \boldsymbol{x}_s)\varphi(\boldsymbol{w}_i \cdot \boldsymbol{x}_t)$ の和を $i = 1, \cdots, p$ について取る．これらはランダムな $\boldsymbol{w}_i$ を含むがその期待値は 0 でない．だから期待値の p 倍になり，オーダー p の量になる．したがって，その逆行列 $\mathbf{K}^{-1}$ はオーダー $1/p$，それゆえ一般逆行列 $\mathbf{Z}^{\dagger}$ はやはりオーダー $1/p$ の量である．ここから次の補題を得る．

補題　最小ノルム最適解 $\boldsymbol{v}^*$ の各成分はオーダー $1/p$ である．

初期値として選んだ $\boldsymbol{v}_0$ の各成分はオーダー $1/\sqrt{p}$ の量であった．これはランダムであるからプラスとマイナスが打ち消しあうため，重みつき和で書ける (5.32) の出力 f が普通のオーダーの量になるには，各項はオーダー $1/\sqrt{p}$ でなければならなかった．しかるに最適解 $\boldsymbol{v}^*$ は和が打ち消しあう無駄がなく，各項がオーダー $1/p$ であれば，これらを足し合わせればオーダー 1 の量になる．

初期値のベクトル $\boldsymbol{v}_0$ の成分はオーダー $1/\sqrt{p}$ で，これは半径 σ_v の S の球面上にある．簡単のため，$\sigma_v^2 = 1$ としよう．最小ノルム解 $\boldsymbol{v}^*$ は各成分がオーダー $1/p$ であったから，そのノルムの二乗 $|\boldsymbol{v}^*|^2$ は $1/p$ のオーダーになる．したがって，$|\boldsymbol{v}_0|^2 = 1$ を満たす初期値の近傍にはない．そこで，零部分空間 N のベクトル $\boldsymbol{n}$ を取り，$\boldsymbol{v}_0$ の近くにある解

$$\boldsymbol{v} = \boldsymbol{v}^* + \boldsymbol{n} \tag{5.40}$$

を探そう．最適解 $\boldsymbol{v}^*$ を N 方向に逆射影する．すなわち $\boldsymbol{v}^*$ に任意の $\boldsymbol{n} \in N$ を加えてみる．すると図 5.2 に示すように，その軌跡は半径 1 の球面を貫いて，$p - n - 1$ 次元の球面になる．見やすくするために，n を 1 次元，p を 3 次元として図を書けば，1 つの最適解 $\boldsymbol{v}^*$ に対して 1 つの円環（1 次元球）ができる．

球面を輪切りにしてみよう．西瓜を縦に切る要領である．このとき，$\boldsymbol{v}^*$ を逆射影した一切れを $1/\sqrt{p}$ の幅でふくらませれば，それらはすべて正解の $1/\sqrt{p}$ 近傍にある．それらは半径 1 の初期値球面上のどの程度の面積をカバーするだろうか．驚くことに，この一切れが球面のほとんどすべてをカバーする．すなわち，ほとんどすべての初期値がここに含まれてしまう．だからほとんどすべての $\boldsymbol{v}_0$ の $1/\sqrt{p}$ 近傍に $\boldsymbol{v}^*$ と同値な正解がある．これが次の西瓜切り定理からわかる．

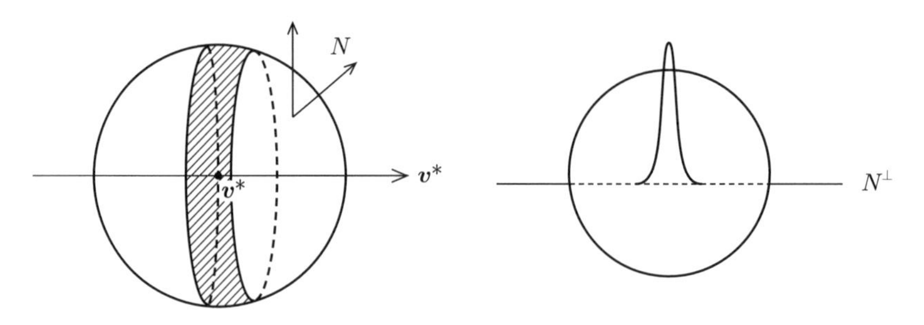

図 5.2　最小解 $\boldsymbol{v}^*$ の逆射影．　　図 5.3　S^p 上の一様分布を $N^{\perp}$ に射影する．

定理 5.2 半径 1 の $(p-1)$ 次元球面を，N の方向に沿って N の n 次元直交補空間 $N^{\perp}$（最小解 $\boldsymbol{v}^*$ の乗る空間）に射影する．このとき，球面上の一様分布は，部分空間 $N^{\perp}$ 上で平均 0，分散 $1/p$ のガウス分布に漸近する．

これを，射影される空間 $N^{\perp}$ が 1 次元の場合で証明しておく．$N^{\perp}$ が n 次元でも，$n \ll p$ ならば同様である．$N^{\perp}$ 上で，位置が z から $z+dz$ にある点は，N 方向への逆射影によって，球面を輪切りにした $p-1$ 次元の球面の輪切り部分になる（図 5.3）．その半径は $\sqrt{1-z^2}$ で幅が dz である．この輪切り面の面積は

$$\left(1-z^2\right)^{\frac{p}{2}-1} dz \tag{5.41}$$

に比例する．

$$z^2 = \frac{\varepsilon}{p} \tag{5.42}$$

と置けば，細かい係数は省いて，ε が小さいときの公式 $(1-\varepsilon)^{\frac{1}{\varepsilon}} \approx e^{-\varepsilon}$ を用いれば

$$\left(1-\frac{\varepsilon}{p}\right)^{\frac{p}{\varepsilon}\frac{\varepsilon}{2}} \approx e^{-\frac{\varepsilon}{2}}, \tag{5.43}$$

$p \to \infty$ で，これは

$$c \exp\left\{-\frac{pz^2}{2}\right\}, \tag{5.44}$$

すなわち分散 $1/p$ のガウス分布になる．

これを要するに，最適解 $\boldsymbol{v}^*$ は原点を中心とする半径 $1/\sqrt{p}$ の球面上にあるが，これを逆射影して $\boldsymbol{v}^* + \boldsymbol{n}$ として，半径 1 の球面上の点に写せば，それは原点の近傍の輪切り部分に乗っていて，球面上の初期値ベクトルのほとんどをカバーする．つまり，ほとんどすべての初期値の $1/\sqrt{p}$ 近傍に 1 つの正解 $\boldsymbol{v}^* + \boldsymbol{n}$ が存在する．

学習の方程式 (5.21) は，零空間の方向へは $\boldsymbol{\theta}$ を動かさない．だから初期値に含まれている零成分 $\boldsymbol{n}$ はそのまま残り，それで解は最小ノルム解には近づかず，初期値のすぐ近くに留まるのである．なお，正則化項として，$|\boldsymbol{\theta}|^2$ のようなものを損失関数に加えれば，学習の解は最小ノルム解に収束する．

さらに NTK 理論の応用として，任意の関数 $f(\boldsymbol{x})$ は，どのランダム回路を用いても，そのごく近傍で与えられた関数を近似できるという，近似定理を示す．さらに，局所解問題の解消も示す．一般に非線形の凸でない関数の最適化は，局所解があるため，勾配降下法では難しいとされていた．深層神経回路はそれにかまわずやってみるとうまくいくことを示した．

5.4 一般の深層回路における NTK 定理

前節では，NTK 定理の仕組みを直観的に見るため，最終層のみが学習する線形理論を扱った．しかし，同じ仕組みはすべての重みが学習する多層の深層回路でも成立し，ここでも同値方向を示す零部分空間 N が重要な役割を果たす．

ランダムに選んだ初期値 $\boldsymbol{\theta}_0$ に対して，関数空間 $\mathcal{F}$ の中でパラメータ空間 $S_{\mathcal{F}}$ の接空間を考え，$\boldsymbol{\theta}_0$ のまわりでの微小な変化 $\Delta\boldsymbol{\theta}$ を考えよう．もしこの線形近似で得られる解が本当に微小で $O(1/\sqrt{p})$ であれば，線形近似が正当化される．パラメータの変化 $\Delta\boldsymbol{\theta}$ に対して出力は

$$\Delta\boldsymbol{f} = \mathbf{Z}\Delta\boldsymbol{\theta} \tag{5.45}$$

だけ変わる．ただし，$\boldsymbol{f}$ は入力 $\boldsymbol{x}_1, \cdots, \boldsymbol{x}_n$ に対する出力 $y_1 = f(\boldsymbol{x}_1, \boldsymbol{\theta}), \cdots, y_n = f(\boldsymbol{x}_n, \boldsymbol{\theta})$ をまとめた n 次元縦ベクトルであった．$\mathbf{Z}$ を具体的に層ごとに分解して書けば

$$\mathbf{Z} = \frac{\partial \boldsymbol{f}}{\partial \boldsymbol{\theta}} = \left[\overset{L+1}{\mathbf{Z}}, \overset{L}{\mathbf{Z}}, \cdots, \overset{1}{\mathbf{Z}}\right] \tag{5.46}$$

のようになる．行列 $\overset{l}{\mathbf{Z}}$ は

$$\overset{l}{\mathbf{Z}} = \frac{\partial \boldsymbol{f}}{\partial \overset{l}{\mathbf{W}}} \tag{5.47}$$

で，出力 $\boldsymbol{f}$ の各層ごとのパラメータ微分である．なお，

$$\boldsymbol{\theta} = \left(\overset{L+1}{\mathbf{W}}, \cdots, \overset{1}{\mathbf{W}}\right) \tag{5.48}$$

である（バイアス項は $\overset{l}{\mathbf{W}}$ に含めている）．また，最終の出力にかかる係数は $1 \times p$ 行列（すなわち横ベクトル）

$$\boldsymbol{v} = \overset{L+1}{\mathbf{W}} \tag{5.49}$$

としている．

n 個の例題をまとめた**誤差ベクトル**を

$$\boldsymbol{e} = \boldsymbol{f} + \boldsymbol{\varepsilon} - \boldsymbol{f}^* \tag{5.50}$$

とする．$\boldsymbol{f}^*$ は正解である．

ここで，微小変化 $\Delta\boldsymbol{\theta}$ を用いてこの誤差を修正する方程式

$$\boldsymbol{e} = \mathbf{Z}\Delta\boldsymbol{\theta} \tag{5.51}$$

を考えよう．**最小ノルム解**は一般逆行列を使って

$$\Delta\boldsymbol{\theta}^* = \mathbf{Z}^{\dagger}\boldsymbol{e} = \mathbf{Z}^T\mathbf{K}^{-1} \tag{5.52}$$

と書ける．このシステムのカーネル $\mathbf{K}$

$$\mathbf{K} = \mathbf{Z}\mathbf{Z}^T \tag{5.53}$$

は各層でのカーネルの和で

$$\mathbf{K} = \sum_{l=1}^{L+1} \overset{l}{\mathbf{K}}, \tag{5.54}$$

$$\overset{l}{\mathbf{K}} = \overset{l}{\mathbf{Z}}\overset{l}{\mathbf{Z}}^T \tag{5.55}$$

のようになる．$\mathbf{Z}^\dagger$ の大きさを評価するために，$\overset{l}{\mathbf{K}}$ の大きさを評価しよう．

$\overset{l}{\mathbf{Z}}$ は入れ子関数 f の中程にある $\overset{l}{\mathbf{W}}$ による微分であるから，f の中の φ の微分を繰り返して

$$\overset{l}{\mathbf{Z}} = \overset{L+1}{\mathbf{X}}\overset{L}{\mathbf{X}} \cdots \overset{l+1}{\mathbf{X}}\, \varphi'\left(\overset{l}{u}_i\right) \circ \overset{l-1}{\boldsymbol{x}} \tag{5.56}$$

であった．

$$\overset{k}{\mathbf{X}} = \frac{\partial \overset{k}{\boldsymbol{x}}}{\partial \overset{k-1}{\boldsymbol{x}}} = \varphi'\left(\overset{k}{u}\right) \overset{k}{\mathbf{W}} \tag{5.57}$$

であったが，これらの積を

$$\overset{l}{\mathbf{Y}} = \overset{L+1}{\mathbf{X}} \cdots \overset{l+1}{\mathbf{X}} = \prod \varphi'\left(\overset{k}{u}\right) \overset{L+1}{\mathbf{W}} \cdots \overset{l+1}{\mathbf{W}} \tag{5.58}$$

とおく．$\varphi'\left(\overset{k}{u}_i\right)$ などの項は対角行列 $\overset{k}{\mathbf{D}}$ で示されたが，自己平均化が働けばいずれスカラーとなるので，仮にスカラーとして前へ出した．$\overset{l}{\mathbf{Y}} = \left(\overset{l}{Y}_k\right)$ は横ベクトルである．これは $\overset{L+1}{\mathbf{W}} = \boldsymbol{v}$ がベクトルであり，出力 y を 1 次元としたからである．$\overset{l}{\mathbf{Z}}$ を成分で書けば，l 層パラメータ $\overset{l}{\theta}_i$ は重み $\overset{l}{w}_{kj}$ であったから，$\overset{l}{\theta}_i$ のインデックス i を $\overset{l}{w}_{kj}$ における kj と 2 重インデックスに書き直して

$$\overset{l}{Z}_{skj} = Y_k \overset{l}{x}_j(s). \tag{5.59}$$

したがって

$$\overset{l}{K}_{st} = \sum_{k,j} Y_k^2 \overset{l}{x}_j(s) \overset{l}{x}_j(t) = pC\left(\overset{l}{\boldsymbol{x}}(s), \overset{l}{\boldsymbol{x}}(t)\right)\left(\mathbf{Y}\mathbf{Y}^T\right) \tag{5.60}$$

と書ける．C は前に定義した，$\overset{l}{\boldsymbol{x}}(s)$ と $\overset{l}{\boldsymbol{x}}(t)$ の重なりである．

ここで

$$\mathbf{Y}\mathbf{Y}^T = \left(\overset{L+1}{\mathbf{X}} \cdots \overset{l+1}{\mathbf{X}}\right)\left(\overset{L+1}{\mathbf{X}} \cdots \overset{l+1}{\mathbf{X}}\right)^T \tag{5.61}$$

を評価しよう．すると第 4 章で示したドミノ倒し補題によって，

$$\overset{k}{\mathbf{X}}\overset{k}{\mathbf{X}}^T = \left\{\varphi'\left(\overset{k}{u}\right)\right\}^2 \overset{k}{\mathbf{W}}\overset{k}{\mathbf{W}}^T = \overset{k}{\chi}\mathbf{I} \tag{5.62}$$

がいえる．したがって (5.61) の $\mathbf{YY}^T$ の中で，$\overset{k}{\mathbf{X}}\overset{k}{\mathbf{X}}^T$ の積が出てきて，$k = l+1$ から始まって順にドミノ倒しのように $\overset{k}{\chi}\mathbf{I}$ に置き換わっていき，補題を得る．

ドミノ倒し補題より，$\mathbf{YY}^T$ は $\prod \overset{k}{\chi}$ に依存するものの，そのオーダーは 1 である．これより次の定理を得る．

定理 5.3 $\mathbf{K}$ の各成分 K_{st} は p のオーダー，$\mathbf{K}^{-1}$ は $1/p$ のオーダーである．

$\mathbf{K}^{-1}$ 要素は $1/p$ のオーダーであるから，(5.52) より線形化した方程式の最小ノルム解 $\Delta\boldsymbol{\theta}^*$ の成分は微小なオーダー $O(1/p)$ であり，線形化した方程式の解で誤差 $\boldsymbol{e}$ が修正できる．$\Delta\boldsymbol{\theta}^*$ に $\mathbf{Z}$ の零空間 N の適当な要素 $\boldsymbol{n}$ を加えれば，それは $\boldsymbol{\theta}_0$ の近くにある．つまり，ほとんどすべてのランダム回路について，その初期値 $\boldsymbol{\theta}_0$ を少しだけ修正すれば，正解を出す神経回路網が得られる．こうして線形化が正当とわかる．これが NTK 定理の内容である．

$\mathbf{K}$ を陽に求めるために，各層の $\mathbf{K}$ について，漸化式を書いておこう．このためには，$\boldsymbol{x}_s = \boldsymbol{x}(s)$ などと略記して，新しい量として

$$\overset{l}{\chi}_{st} = \mathbf{E}\left[\varphi'\left(\overset{l}{u}(\boldsymbol{x}_s)\right)\varphi'\left(\overset{l}{u}\left(\overset{l}{\boldsymbol{x}}_t\right)\right)\right] \tag{5.63}$$

が必要になる．これを用いると，l 層でのカーネルは，平均場近似を用いれば

$$\overset{l}{K}_{st} = \sigma_w^2\left(\overset{l-1}{K}_{st}\overset{l-1}{\chi}_{st} + \overset{l}{C}_{st}\right) + \sigma_b^2 \tag{5.64}$$

のような漸化式が出る．ただし

$$\overset{l}{C}_{st} = C\left(\overset{l}{\boldsymbol{x}}_s, \overset{l}{\boldsymbol{x}}_t\right) \tag{5.65}$$

で，$\overset{l}{x}_{st}$ は $u = \overset{l}{u}_i(\boldsymbol{x}_s)$ と $u' = \overset{l}{u}_i(\boldsymbol{x}_t)$ を前にやったように，平均 0，共分散 $\overset{l-1}{\mathbf{V}}$ に従うガウス分布として計算できる．ややこしい議論をご苦労様であったが，これで NTK 理論が合理化できた．

5.5 ランダム回路の万能性

観測数が有限の場合，$n \ll P$ の $\boldsymbol{\theta}$ の**零部分空間**を用いて，NTK 定理を説明してきた．しかし，観測の有無にかかわらず，目標とする関数 $f(\boldsymbol{x})$ が十分に滑らかであれば，任意の f^* は $f(\boldsymbol{x}, \boldsymbol{\theta}_0)$ の近傍にあることになる．学習はこれを少し補正するだけですむ．したがって次のランダム回路による**普遍近似定理**が成立する．詳しくは文献 5,6) などにあるが，そのままでは難解で理解しにくい．

定理 5.4 パラメータ数 P が十分に大きいとき，任意の滑らかな関数 $f(\boldsymbol{x})$ はどのランダム回路を取っても，ほとんどの場合（いくらでも 1 に近い確率で）その近傍にある一つの関数を用いて実現できる．

これを示すためにまず，滑らかな関数 $f(\boldsymbol{x}) \in \mathcal{F}$ として $\boldsymbol{\varepsilon}$ ネットで張られる関数の族 $\mathcal{F}$ を考える．いま，入力信号 $\boldsymbol{x}$ の空間は有界であるとする．有限個の n 点 $\boldsymbol{x}_1, \cdots, \boldsymbol{x}_n$ を取ると，その上で関数値 $f(\boldsymbol{x}_i)$ が決まる．n 点をうまく選べば，これ以外の点 $\boldsymbol{x}$ での値 $f(\boldsymbol{x})$ が，$f(\boldsymbol{x}_i), i = 1, \cdots, n$ のどれかの値とたかだか ε しか離れていないとしよう．さらに，n を大きくとれば，ε は 0 に収束するとする．このとき，関数 f のクラスは ε ネットで覆われるという．例えば，関数のクラスとして微分可能で微分係数が有界であるものを考えれば，これは ε ネットで覆われる．

f が ε ネットで覆われれば，ある ε に対して有限の n が存在して，関数を誤差 ε 以内で近似できる．この n 点での入出力関係を誤差 ε 以内で実現するには，P が十分に大きいランダム神経回路を用いて学習させればよい．したがって NTK 定理によって，ほとんどすべてのランダム回路でこれが可能である．これは P が大きいときのランダム回路の万能性，その驚くべき近似能力を示す．

5.6 深層学習は局所解に落ち込まない

一般に非線形のシステムでは，損失関数 $L(\boldsymbol{\theta})$ は凸ではない．最終層のパラメータ $\boldsymbol{v}$ のみを学習する単純パーセプトロンならば損失関数は $\boldsymbol{v}$ の 2 次式で凸であるが，一般の非線形の ϕ を用いる深層回路網はもちろん凸でない．だから L を極小にする**局所解**は，最適解（大域解）の他にも多数存在することが想定される．こうなると，勾配降下法で L を減らしてきても，局所解につかまってしまい，ここで止まって最適解まで到達しないことが予想される．

これは前から分かっていた勾配降下学習法の難点で，これを切り抜けようと**焼きなまし（アニーリング）**の手法などが提案されてきた．しかし収束条件が難しくて実用としてはなかなかうまくいかない．最近では**量子アニーリング**が使われる．ところが，大規模な深層学習はそんなことは気にしないでやってみるとうまくいく．そのうちに，局所解は多数あるものの，いずれも大域解に近い性能を持ち，どの局所解に落ち込んでもかまわないという信仰が生まれた．パラメータ数を増やすと，どの局所解も損失の値が下がっていくが，どうせ最小は 0 であるから，その近くまで落ちてしまうというのである．もう少しもっともらしく言うと，いま，P 個のパラメータを使って，局所解に落ちたとして，ここでパラメータをもう一つ増やしてみる．するとここは局所解ではなくなり，最後に加えたパラメータを動かせば最小値が少し下がる．また局所解に至ればこれを繰り返す．そうすると 0 に近いところまで下がってしまうという説明である．説明としてもっともであるが，これで腑に落ちるわけではない．

近年，P が十分に大きければ，学習により損失関数の値が 0 に近くなり，ランダム回路から出発した学習の落ち込む先は，大域解と同等であるという厳密な証明が出だした[7,8]．これも実は難解である．本稿では，厳密なことは言わずに，神経接核理論による線形化で，学習で得られる解は大域解と同等である事情を説明しよう．

先に説明したように損失関数 $L(\boldsymbol{\theta})$ の微分は

$$\partial_{\boldsymbol{\theta}} L(\boldsymbol{\theta}; X) = \boldsymbol{e}\mathbf{Z} \tag{5.66}$$

であったから，一回の学習によって起こる $\boldsymbol{\theta}$ の変化 $\Delta\boldsymbol{\theta}$ は小さく，これによる損失の変化は，線形近似で

$$\Delta L = \boldsymbol{e}\mathbf{Z}\Delta\boldsymbol{\theta} = \eta\boldsymbol{e}\mathbf{K}\boldsymbol{e}^T \tag{5.67}$$

のように書ける．$\mathbf{K}$ はカーネルで

$$\mathbf{K} = \mathbf{Z}\mathbf{Z}^T. \tag{5.68}$$

$\mathbf{K}$ は確率 1 で正定値行列であった．その最小固有値を $\lambda_{\min}$ と書こう．

$$\boldsymbol{e}\mathbf{K}\boldsymbol{e}^T > \lambda_{\min}\boldsymbol{e}\boldsymbol{e}^T = \lambda_{\min} L \tag{5.69}$$

であるから，

$$L_{t+1} < (1 - \eta\lambda_{\min})\, L_t. \tag{5.70}$$

これより

$$\eta\lambda_{\min} < 1 \tag{5.71}$$

ならば，損失関数 L は指数的に 0 に減衰することが分かる．この範囲なら η は大きいほどよい．ところで，次章に述べるように η は勝手に大きくはできず，学習が収束するためには

$$\eta < \frac{2}{\lambda_{\max}} \tag{5.72}$$

が必要である．だから，$\eta\lambda_{\min}$ を大きく取ろうとしても，

$$\eta\lambda_{\min} < \frac{2\lambda_{\min}}{\lambda_{\max}} \tag{5.73}$$

が限界である．

$\lambda_{\min}$ の評価をしておこう．$\lambda_{\min}$ は，経験 Fisher 情報行列 $\mathbf{F}$ の，n 個の非零な固有値のうちで最小なものに等しい．だから，任意のノルムが 1 のベクトル $\boldsymbol{a}$ について

$$\lambda_{\min} < \boldsymbol{a}^T \mathbf{F} \boldsymbol{a}, \quad |\boldsymbol{a}|^2 = 1 \tag{5.74}$$

である．ここで，$\boldsymbol{a}$ として，最後の層の線形項 $\boldsymbol{v}$ に対応する成分だけがすべて $1/\sqrt{p}$ のものを取れば

$$\lambda_{\min} = \prod \chi \tag{5.75}$$

で評価できる．やはりこれは χ に依存している．

L が 0 に収束するという証明は，厳密に行うと素子数 p，段数 L，訓練データの数 n などに依存していて，実は大掛かりな理論が必要である．詳しくは文献 7,8) など多数あるが，いずれも難解である．

5.7 深層学習のガウス過程と Bayes 推論[9)]

パラメータ $\boldsymbol{\theta}$ をランダムな確率変数とする．このとき，

$$y(\boldsymbol{x}) = f(\boldsymbol{x}, \boldsymbol{\theta}) = \sum v_i \varphi \left(\overset{L}{\boldsymbol{w}}_i \cdot \overset{L-1}{\boldsymbol{x}} \right), \quad \overset{l}{\boldsymbol{x}} = \varphi \left(\overset{l}{\mathbf{W}} \overset{l-1}{\boldsymbol{x}} \right) \tag{5.76}$$

は，**中心極限定理**により平均 0 のガウス分布をなす．しかし $\boldsymbol{x}$ 点での y の値と $\boldsymbol{x}'$ 点での y の値は，共通のパラメータ $\boldsymbol{\theta}$ を用いるので，相関がある．相関は

$$\mathbf{V}(\boldsymbol{x}, \boldsymbol{x}') = \mathrm{E}\left[f(\boldsymbol{x}, \boldsymbol{\theta}) f(\boldsymbol{x}', \boldsymbol{\theta}) \right] \tag{5.77}$$

と書ける．このような，入力信号空間 $S = \{\boldsymbol{x}\}$ 上に定義された y のガウス確率分布 $\{y(\boldsymbol{x})\}$ を**ガウス過程**という．もともとは $\boldsymbol{x}$ が時間軸 t のときの時系列の話から始まった．

Bayes 推論は，観測されたデータ D をもとに，パラメータ $\boldsymbol{\theta}$ の**事後分布**を求め，事後分布から次のデータ点 $\boldsymbol{x}$ に対する $y(\boldsymbol{x})$ の予測を行う．ここでは $\boldsymbol{\theta}$ の学習は必要なく，その事後確率分布が必要になる．

ガウス場では，新しい $\boldsymbol{x}$ に対する出力 y は，観測データ D とこの新しいデータの同時確率分布を考えて求める．

これは平均 0，共分散行列を $\mathbf{V}(\boldsymbol{x}, \boldsymbol{x}_1, \cdots, \boldsymbol{x}_n)$ とする

$$\boldsymbol{y} = \left(y, y_1, \cdots, y_n \,;\, y_i = y(\boldsymbol{x}_i)\right)^T \tag{5.78}$$

のガウス分布

$$p\left(y, y_1, \cdots, y_n \,|\, \boldsymbol{x}, \boldsymbol{x}_1, \cdots, \boldsymbol{x}_n\right) = c \exp\left\{ -\frac{1}{2} \boldsymbol{y} \mathbf{V}^{-1} \boldsymbol{y}^T \right\} \tag{5.79}$$

である．

$\mathbf{V}$ は $(n+1) \times (n+1)$ 行列で，

$$\mathbf{V} = \left[\begin{array}{c|c} V_{\boldsymbol{x}\boldsymbol{x}} & \boldsymbol{V}_{\boldsymbol{x}, D^T} \\ \hline \boldsymbol{V}_{\boldsymbol{x}, D} & \mathbf{V}_D \end{array} \right] \tag{5.80}$$

のように分割できる．$\mathbf{V}_D$ は観測した $\boldsymbol{y}_D$ の共分散行列である．データ D が与えられているから，ここから y の条件付確率分布 $p(y|\boldsymbol{x}, D)$ を取り出せる．すなわち，$\boldsymbol{y}_D = (y_1, \cdots, y_n)^T$ として，$p(y|\boldsymbol{x}, \boldsymbol{y}_D)$ を計算すればよい．$\boldsymbol{y}_D$ の共分散行列を $\mathbf{V}_D$（これは $\mathbf{V}$ の部分行列）とすれば，y の分布は

$$p(y|\boldsymbol{x}, D) \sim N(\mu, V), \tag{5.81}$$

$$\mu = \mathbf{V}_{\boldsymbol{x},D}\mathbf{V}^{-1}\boldsymbol{y}_D, \tag{5.82}$$

$$V = V(\boldsymbol{x}, \boldsymbol{x}) - V_{\boldsymbol{x},D}\mathbf{V}^{-1}V_{\boldsymbol{x},D}^T. \tag{5.83}$$

これが，パラメータの学習を直接に使わない Bayes 推論である．

一方神経接核による学習は微小とはいえ，パラメータ $\boldsymbol{\theta}$ を学習により変更する．その結果得られる $y, y_1, \cdots, y_n$ の分布もガウス過程であり，(5.79) に対応する分布は $\mathbf{V}$ の代わりに $\mathbf{K}$ を用いたものになる．学習後の分布もガウス場をなすからである．両者は似てはいるが，学習なしの Bayes 推論よりも神経接核の学習を用いたほうが性能が良いとされる．

終わりの一言

本書を執筆する動機となったのが，神経接核理論であった．これは驚異の理論であり，大規模系においてランダムな仕組みが果たす驚くべき役割を明らかにした．それだけでなく，深層学習についての理論を大きく進展させた．しかし，いまは研究者が高度な解析学に深入りしていて難解である．その本質をもっと直観的に理解できないか，できるものならばそれを読者と共有したいと考えた隠居老学者の試みがこれである．執筆してみると，いろいろと不明な点，ひっかかる点があって簡単には筆が運ばなかった．本書の核心ともいえるこの部分は，理研を引退する時に，私の最後の単著論文と思いながら執筆したものである[4]．

この章で目標とした**神経接核理論**が終わり，山を越えた感がある．接核理論は，大規模な深層学習の仕組みが，接空間上の線形近似理論で分かることを示しただけではない．ランダム深層回路の威力をも示した．これにより，ランダム回路の普遍的な近似能力が明らかになり，さらに線形化により局所解に陥る恐れがないことなど，多くのことが明らかになった．もちろん課題は残る．線形化が分かったからといって，これで学習が簡単になったわけでもない．次章は学習を加速する**自然勾配法**に話を移そう．

参考文献

1) A. Jacot, F. Gabriel and C. Hongler, Neural tangent kernel: Convergence and generalization in neural networks. NIPS, 2018.
2) J. Lee, L. Xiao, S.S. Schoenholz, Y. Bahri, R. Novak, J. Sohl-Dickstein and J. Pennington, Wide neural networks of any depth evolve as linear models under gradient

descent. NeurIPS, 2019, arXiv: 1902.06720v4, 2019.

3) S. Amari, T. Ozeki, R. Karakida, Y. Yoshida and M. Okada, Dynamics of learning in MLP: natural gradient and singularity revisited. *Neural Computation*, Vol.**30**, 1, pp.1–33, 2018.

4) S. Amari, Any target function exists in a neighborhood of any sufficiently wide random network: A geometric perspective. *Neural Computation*, Vol.**32**, 8, pp.1431–1447, 2020.

5) Z. Allen-Zhu, Y. Li and Y. Liang, Learning and generalization in overparameterized neural networks, going beyond two layers. arXiv: 1811.04918v2, 2019.

6) B. Bailey, Z. Ji, M. Telgarsky and R. Xian, Approximation power of random neural networks. arXiv:1906.07709v1, 2019.

7) K. Kawaguchi, J. Huang, L.P. Kaelbling, Effect of depth and width on local minima in deep learning. *Neural Computation*, **31**, 1462–1498, 2019.

8) S.S. Du, J.D. Lee, H. Li L. Wang and X. Zhai, Gradient descent finds global minima of deep neural networks. arXiv:1811.03804v4, 2019.

9) J. Lee, Y. Bahri, R. Novak, S.S. Schoenholz, J. Pennington and J. Sohl-Dickstein, Deep neural networks as Gaussian processes. arXiv:1711.00165v3, 2018.

第 6 章
自然勾配学習法と Fisher 情報行列 —学習の加速

勾配降下学習法は収束が遅いのが難点といわれる．それは，最適点の近傍で学習を線形化したときに表れる行列，すなわち損失関数のヘッシアン $\mathbf{H}$（これは実は Fisher 情報行列 $\mathbf{F}$ に等しい）の固有値が，小さいものから大きいものまで広くばらついていて，このため学習定数 η が大きく取れないからである．これを克服するのに，2 次の加速法，**ニュートン法**や**ガウス–ニュートン法**などが知られている．一方，**自然勾配降下法**は，パラメータ空間が確率分布の空間であり，それがリーマン空間であることを利用し，損失関数のリーマン空間上での真の最急降下方向を追及する．これは情報幾何[1)]に由来する．本章では深層回路のパラメータ空間が確率分布族の空間であることから自然にリーマン空間になることと，そこから出てくる自然勾配降下学習法について調べる．

これらの手法は深層回路の学習においては最適点の近傍で一致し，いずれも収束の固有値の大きさを一様に揃える．しかし，**自然勾配降下法**および 2 次の方法は学習性能はよいものの，Fisher 情報行列 $\mathbf{F}$ を逆転する手間が大きいという難点があり，大規模回路では使えないという常識があった．これに対する近似法がいろいろと提出されてきた．しかし，大規模ランダム回路では Fisher 情報行列が漸近的に素子ごとにブロック対角化できるという，驚くべき結果が証明された．これを用いると自然勾配法の実現も容易であり，計算の手間も問題ない．さらに経験 Fisher 情報行列 $\hat{\mathbf{F}}$ を用いると，$\mathbf{F}$ 自体の逆転をしなくても自然勾配法が実現できることを示せる．これはよく知られた手法，Adam の一般化であり，Adam を改良することができる．自然勾配降下学習法[2)]はもはや夢の手法ではない．

6.1 学習の速度と精度

最適解 $\boldsymbol{\theta}^*$ の近傍で，勾配降下学習の進行状況を見よう．$\partial_{\boldsymbol{\theta}} = \partial/\partial\boldsymbol{\theta}$ として損失関数 $L(\boldsymbol{\theta})$ の勾配 ∂L を最適点の近傍で展開すれば，

$$\partial L(\boldsymbol{\theta}^* + \Delta\boldsymbol{\theta}) = \partial L(\boldsymbol{\theta}^*) + \partial_{\boldsymbol{\theta}}\partial_{\boldsymbol{\theta}} L(\boldsymbol{\theta}^*)\,\Delta\boldsymbol{\theta} \tag{6.1}$$

となる．L の 2 階微分（ヘッシアン）は

$$\mathbf{H}(\boldsymbol{\theta}^*) = \partial_{\boldsymbol{\theta}}\partial_{\boldsymbol{\theta}} L(\boldsymbol{\theta}^*) = \mathrm{E}\left[\partial_{\boldsymbol{\theta}}\partial_{\boldsymbol{\theta}} l(\boldsymbol{x}, y^*; \boldsymbol{\theta}^*)\right], \tag{6.2}$$

最適点では $\partial_{\boldsymbol{\theta}} L = 0$ だから，最適点の近傍では，$\Delta\boldsymbol{\theta}_t = \boldsymbol{\theta}_t - \boldsymbol{\theta}^*$ の学習の進行状況は平均で見れば

$$\mathrm{E}\left[\Delta\boldsymbol{\theta}_{t+1}\right] = -\eta(\mathbf{I} - \mathbf{H})\,\mathrm{E}\left[\Delta\boldsymbol{\theta}_t\right] \tag{6.3}$$

のような 1 次式で書ける．

$\mathbf{H}$ の固有値を $\lambda_1, \cdots, \lambda_P$ として，直交行列 $\mathbf{S}$ を用いてこれを

$$\mathbf{H} = \mathbf{S}\boldsymbol{\Lambda}\mathbf{S}^T \tag{6.4}$$

と対角化しよう．$\boldsymbol{\Lambda}$ は $\mathbf{H}$ の固有値 λ_i を対角要素とする対角行列である．座標軸を回転して，各固有ベクトル方向で書けば，学習方程式は各固有ベクトルの方向ごとに分解して

$$\Delta\theta_t^i = (1 - \eta\lambda_i)\,\Delta\theta_{t-1}^i + \varepsilon_{t-1}, \tag{6.5}$$

ただし $\varepsilon_t = l(\boldsymbol{x}_t, y_t^*, \boldsymbol{\theta}_t) - \mathrm{E}[l(\boldsymbol{x}_t, y_t^*, \boldsymbol{\theta}_t)]$ は時刻 $t-1$ の入力 $\boldsymbol{x}_{t-1}$ と教師信号 y_t^* の差に由来する確率変数で，t 毎に独立である．このため，学習係数 η を大きくし過ぎれば，不安定になり発散する．だから最大固有値を $\lambda_{\max}$ とすれば，

$$\eta < \frac{2}{\lambda_{\max}} \tag{6.6}$$

のように η を小さくする必要がある．$\lambda_{\max}$ が学習の速度を決める．次節で述べるように，大規模回路では最大固有値が極めて大きくなるため，学習が遅い．

ここで学習の速度と精度の関係を見ておこう．話を簡単にするために，θ を 1 次元とし，最適解を $\theta^* = 0$ として，学習の方程式

$$\theta_{t+1} = (1 - \eta\lambda)\theta_t - \eta\varepsilon_t, \quad t = 0, 1, 2, \cdots \tag{6.7}$$

の動作を調べておこう．解は

$$\theta_t = (1 - \eta\lambda)^t\theta_0 + \eta\sum_{\tau=0}^{t}(1 - \eta\lambda)^{t-\tau}\varepsilon_\tau \tag{6.8}$$

のように陽に書ける．t を大きいとすれば，初期値 θ_0 の影響は指数的に減少し最適解 0 に収束するが，確率の変動による誤差項が残る．その大きさは，ε_t の分散を $V[\varepsilon]$ とすれば，θ_t の分散で

$$V[\theta_t] = \eta^2\frac{1 - (1 - \eta\lambda)^{2t}}{1 - (1 - \eta\lambda)^2}V[\varepsilon] \tag{6.9}$$

である．

これを見ると学習係数 η の効果がわかる．学習は $\eta\lambda < 1$ ならば指数的に正解に近づくが，ランダムな変動による誤差項として

$$V\left[\theta_\infty\right] = \frac{\eta^2 V[\varepsilon]}{1-(1-\eta\lambda)^2} = \frac{\eta}{\lambda(2-\eta\lambda)} V[\varepsilon] \tag{6.10}$$

が残る．学習を速くするには η を $\lambda\eta < 1$ の範囲でできるだけ大きくすればよい．誤差の大きさは η^2 に比例して減衰するので，精度を求めるなら η を小さくしなければいけない．これを**学習の速度と精度の交換関係**という．この解析は，確率勾配降下学習法を提唱したの最初の論文で既に行われている．

もちろん，η を時間 t と共に小さくして $\eta_t = c/t$ のように取ることで，c をうまく調整すればこの問題は解決するように思えるが，そこには問題がある．こうすると，t が大きいときに学習が止まってしまう．最適解 θ_t^* が t と共に少しづつ変動していたら，$\eta_t \to 0$ では学習がこの変動についていけない．η_t は小さいながらも 0 にはならず，定数にとどまることが良い．確率的勾配降下学習法を始めて提案した私の論文では，最適点が時間とともに変動するときに，学習によるその追従特性の解析もなされている[2]．

さて話を戻して，多次元の場合に λ_i がばらばらで大きいものから小さいものまであるから，うまい η が取れないことが問題であった．では，うまい変換を施してすべての λ_i が同じになるようにできないであろうか．最適点の近傍でこれを行うのが，ヘッシアンなどを用いる 2 次の方法である．情報幾何の自然勾配降下法は，パラメータ空間のリーマン計量を用いてこれを自然に行うことを見よう．

6.2 経験ヘッシアンと経験 Fisher 情報行列

ヘッシアンが学習の速度に大きな役割を果たすことを見た．これは (6.2) のように，期待値である．これをデータから求めよう．

神経接核理論では，学習を関数空間で考えた．パラメータ数 P が大きいとき，ランダムに選ばれた初期パラメータ $\boldsymbol{\theta}_0$ の近傍で学習方程式は線形化され，学習方程式は**神経接核** $\mathbf{K}$ を用いて

$$\Delta \boldsymbol{f} = -\eta \mathbf{K}\left(\boldsymbol{f} - \boldsymbol{f}^*\right) \tag{6.11}$$

の様になった．この収束の速さはカーネル行列 $\mathbf{K}$ の固有値で決まる．$\mathbf{K}$ は $n \times n$ 行列である．まず，$\mathbf{H}$ と $\mathbf{K}$ の固有値の関係を調べておこう．カーネル $\mathbf{K}$ は $n \times P$ 行列 $\mathbf{Z} = \partial_{\boldsymbol{\theta}} \boldsymbol{f}$ を用いて

$$\mathbf{K} = \mathbf{Z}\mathbf{Z}^T \tag{6.12}$$

と書けた．一方，ヘッシアン $\mathbf{H}$ は最適点 $\boldsymbol{\theta}^*$ で，Fisher 情報行列 $\mathbf{F}$ に等しい．

まずこれを示しておこう．入出力 $\boldsymbol{x}, y$ の確率分布

$$p(\boldsymbol{x}, y; \boldsymbol{\theta}) = q(\boldsymbol{x}) \exp\left\{y - f(\boldsymbol{x}, \theta)^2\right\} \tag{6.13}$$

の対数を $\tilde{l}(\boldsymbol{x}, y)$ と置けば，これは**対数尤度**で負の**瞬時損失関数** $-l$ に等しく，

$$\mathbf{H} = -\mathrm{E}\left[\partial_{\boldsymbol{\theta}}\partial_{\boldsymbol{\theta}}\tilde{l}(\boldsymbol{x}, y)\right] \tag{6.14}$$

のように書き換えることができる．

観測データ D が学習用に与えられたときは，最適点 $\boldsymbol{\theta}^*$ の近傍で期待値の代わりにデータの算術平均を用いて

$$\hat{\mathbf{H}} = \frac{1}{n}\sum_i \partial_{\boldsymbol{\theta}}\partial_{\boldsymbol{\theta}} l\left(\boldsymbol{x}_i, y_i^*\right) \tag{6.15}$$

が定義できる．これを**経験ヘッシアン行列**という．もちろん，これは $n \to \infty$ で真のヘッシアンに収束する．これを

$$\hat{\mathbf{H}} = \mathbf{Z}^T\mathbf{Z} \tag{6.16}$$

と書こう．

$\hat{\mathbf{H}}$ はカーネル行列と同じ $\mathbf{Z}$ を用いて，(6.12) の積の順序を変えただけのものである．$\mathbf{Z}$ を特異値分解して，$n \times n$ 直交行列 $\mathbf{T}$ および $P \times P$ 直交行列 $\mathbf{S}$ を用いて

$$\mathbf{Z} = \mathbf{TMS}^T \tag{6.17}$$

と分解できる．ただし

$$\mathbf{M} = \left[\begin{array}{ccc|c} \mu_1 & & & \\ & \ddots & & 0 \\ & & \mu_n & \end{array}\right] \tag{6.18}$$

で $\mu_1, \cdots, \mu_n$ が $\mathbf{Z}$ の単因子である．

$$\mathbf{K} = \mathbf{TMM}^T\mathbf{T}^T, \tag{6.19}$$

$$\hat{\mathbf{H}} = \mathbf{SM}^T\mathbf{MS}^T \tag{6.20}$$

であるから，$n \times n$ 行列 $\mathbf{K}$ の固有値は $\lambda_1, \cdots, \lambda_n$; $\lambda_i = \mu_i^2$ となり，$P \times P$ 行列 $\hat{\mathbf{H}}$ の固有値はやはり $\lambda_1, \cdots, \lambda_n$ で残りの $P - n$ 個の固有値は 0 である．つまり，学習の収束状況を調べるには $\mathbf{K}$ と $\hat{\mathbf{H}}$ のどちらを使ってもよい．

6.3 固有値の分布と最大固有値

ここでは，経験分布を用いて $\mathbf{K}$ と $\hat{\mathbf{H}}$ 固有値の大きさを調べる．これは唐木

田らの方法である[3]．$P \times P$ 行列 $\hat{\mathbf{H}}$ の固有値の平均を

$$m = \frac{1}{P}\sum_i \lambda_i, \tag{6.21}$$

二乗平均を

$$s^2 = \frac{1}{P}\sum_i \lambda_i^2 \tag{6.22}$$

としよう．n は大きいとするが，P はさらに大きいとする．経験分布を用いると，(6.21) と (6.22) より

$$m = \frac{1}{P}\mathrm{tr}\,\hat{\mathbf{F}} = \frac{1}{P}\mathrm{tr}\,\mathbf{K}, \tag{6.23}$$

$$s^2 = \frac{1}{P}\mathrm{tr}\,\hat{\mathbf{F}}^2 = \frac{1}{P}\mathrm{tr}\left(\mathbf{K}^2\right) \tag{6.24}$$

と書ける．$\mathrm{tr}\,\mathbf{AB} = \mathrm{tr}\,\mathbf{BA}$ に注意．従って P が大きければ

$$m = \frac{1}{P}\sum_{s=1}^{n} K_{ss}, \tag{6.25}$$

$$s^2 = \frac{1}{P}\sum_{s,t=1}^{n} K_{st}^2 \tag{6.26}$$

が成立する．$\mathbf{K}$ の成分 K_{st} はオーダー p であった．$P = p(p+1)L = O\left(p^2\right)$ であるから，$\hat{\mathbf{H}}$ の固有値 λ_i の平均は

$$m = \sum_s K_{ss} = O\left(\frac{1}{p}\right), \tag{6.27}$$

二乗の平均は

$$s^2 = \sum_{s,t} K_{st}^2 = O(1), \quad s \neq t. \tag{6.28}$$

固有値の平均は $O(1/p)$ で，p が大きくなれば 0 に近づく．これは，$\hat{\mathbf{H}}$ では $P-n$ 個の固有値が 0 であるから，当然ではある．しかるに二乗平均はオーダー 1 のままである．このようなことは，多くの固有値が非常に小さく，少数の固有値がオーダー p の大きな値を取るようなアンバランスな分布をしていなければ起こらない．最大固有値が $O(p)$ であることを示そう．このことは，$\boldsymbol{e} = (1, 0, \cdots, 0)^T$ として次式からわかる．

$$\lambda_{\max} = \max_{|\boldsymbol{v}|=1} \boldsymbol{v}\mathbf{K}\boldsymbol{v}^T \geq K_{11} \approx O(p). \tag{6.29}$$

固有値の分布を図 6.1 に示す．

定理 6.1　ランダム深層回路のヘッシアン行列の固有値は，多くが 0 に近く，少数個のものがオーダー p の大きな値を取るアンバランスな分布をしている．

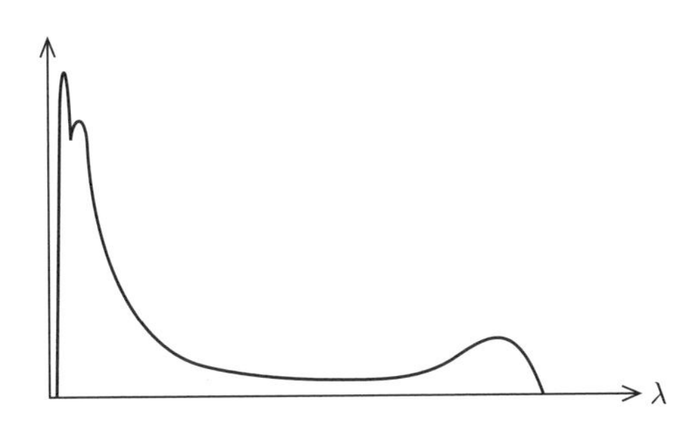

図 6.1　経験 Fisher 情報行列の固有値の分布．

唐木田らは[4]，出力規格化という単純な手法によって，最大固有値がオーダー p からオーダー $\sqrt{p}$ に減り，学習が加速できることを示した．ただし，それは $n \sim p$ のオーダーでの漸近論である．出力規格化は，最終層 L の出力 $\overset{L}{x}_i$ を単に

$$\tilde{\overset{L}{x}}_i = \overset{L}{x}_i - \frac{1}{n}\sum_{s=1}^{n}\overset{L}{x}_i(s) \tag{6.30}$$

に変更するだけでよい．

6.4　学習の加速法

確率勾配降下学習則で，解を加速するニュートン法を調べ，解が最適値に収束するときの様子を調べてみよう．パラメータ $\boldsymbol{\theta}$ が最適解の近くまできたとしよう．$\boldsymbol{\theta}^* = \boldsymbol{\theta} + \Delta\boldsymbol{\theta}$ となる $\Delta\boldsymbol{\theta}$ を求めるため，損失関数の微分 $\partial_{\boldsymbol{\theta}} L$ を $\boldsymbol{\theta}$ の周りで展開すると，

$$0 = \partial_{\boldsymbol{\theta}} L(\boldsymbol{\theta} + \Delta\boldsymbol{\theta}) = \partial_{\boldsymbol{\theta}} L(\boldsymbol{\theta}) + \mathbf{H}\Delta\boldsymbol{\theta}. \tag{6.31}$$

したがって，変化分 $\Delta\boldsymbol{\theta}$ を

$$\Delta\boldsymbol{\theta} = -\mathbf{H}^{-1}\partial_{\boldsymbol{\theta}} L(\boldsymbol{\theta}) \tag{6.32}$$

とおくのがニュートン法である．確率のゆらぎを考慮し，例題 $(\boldsymbol{x}_t, y_t^*)$ に対し，

$$\Delta\boldsymbol{\theta} = -\eta\mathbf{H}^{-1}\partial_{\boldsymbol{\theta}} l\left(\boldsymbol{x}_t, y_t^*\,;\,\boldsymbol{\theta}\right) \tag{6.33}$$

としよう．

6.5　確率分布族の空間，Fisher 情報行列，自然勾配

いよいよ，リーマン空間上での**自然勾配**について述べる．

パラメータ空間 $\mathbf{M} = \{\boldsymbol{\theta}\}$ はリーマン空間であるとする．この時 $\mathbf{M}$ 上の微

小に離れた2点$\boldsymbol{\theta}$と$\boldsymbol{\theta}+d\boldsymbol{\theta}$を考え，その距離の二乗，すなわち微小なベクトル$d\boldsymbol{\theta}$の長さの二乗は，計量行列$\mathbf{G}=(g_{ij})$を用いて二次形式

$$ds^2 = d\boldsymbol{\theta}^T \mathbf{G} d\boldsymbol{\theta} \tag{6.34}$$

で表せる．$\mathbf{G}$は点$\boldsymbol{\theta}$に依存していて$\mathbf{G}(\boldsymbol{\theta})$は$\boldsymbol{\theta}$点の近傍で長さを計る物差し，つまり接空間での内積を定義する．これがリーマン空間であり，ユークリッド空間とは場所によらずに$\mathbf{G}=\mathbf{I}$とできる空間，つまりうまい座標系を取れば$\mathbf{G}=\mathbf{I}$とできる空間である．

深層回路網の空間$M=\{\boldsymbol{\theta}\}$を考えよう．その動作を入出力関係

$$y = f(\boldsymbol{x}, \boldsymbol{\theta}) + \varepsilon \tag{6.35}$$

とする．εは平均0，分散1のガウス分布に従う確率変数である．この時，入出力の確率分布は，$\boldsymbol{x}$の確率分布を$q(\boldsymbol{x})$として，

$$p(\boldsymbol{x}, y, \boldsymbol{\theta}) = q(\boldsymbol{x}) \frac{1}{\sqrt{2\pi}} \exp\left[\frac{1}{2}\left\{y - f(\boldsymbol{x}, \boldsymbol{\theta})\right\}^2\right] \tag{6.36}$$

のように書ける．(教師信号y^*はどうしたと考える人もいるかもしれない．確率分布の空間を考えるときは，入出力$(\boldsymbol{x}, y)$が観測され，ここから$\boldsymbol{\theta}$を推定することになる．だから，$y^* = \mathrm{E}[y]$と考えておいてほしい．学習神経回路では，真の点$\boldsymbol{\theta}^*$においては，教師信号y^*がyの期待値と一致するが，他の$\boldsymbol{\theta}$ではそうはいかない.)

確率分布の空間はリーマン空間であり，その計量行列はFisherの情報行列

$$\mathbf{F} = \mathrm{E}\left[\partial_i \log p(\boldsymbol{x}, y, \boldsymbol{\theta}) \partial_j \log p(\boldsymbol{x}, y, \boldsymbol{\theta})\right] \tag{6.37}$$

で与えられる．すなわちスコアベクトル$\partial_i \log p(\boldsymbol{x}, y, \boldsymbol{\theta})$の共分散行列である．今の場合

$$\log p(\boldsymbol{x}, y, \boldsymbol{\theta}) = -\frac{1}{2}\left\{y - f(\boldsymbol{x}, \boldsymbol{\theta})\right\}^2 + \mathrm{const.} \tag{6.38}$$

であるから，これは損失関数の符号を変えたもので

$$\log p(\boldsymbol{x}, y, \boldsymbol{\theta}) = -l(\boldsymbol{x}, y, \boldsymbol{\theta}) + \mathrm{const.} \tag{6.39}$$

となっている．

ところで，部分積分によって

$$\mathrm{E}\left[\partial_i \log p \partial_j \log p\right] = -\mathrm{E}\left[\partial_i \partial_j \log p\right] \tag{6.40}$$

が成立するから，$\boldsymbol{\theta}=\boldsymbol{\theta}^*$点では損失関数のヘッシアンはFisher情報行列に等しく

$$\mathbf{F}(\boldsymbol{\theta}) = \mathbf{H}(\boldsymbol{\theta}) \tag{6.41}$$

が成立する．

最適解 $\boldsymbol{\theta}^*$ では，L の微分係数は 0，ヘッシアン $\mathbf{H}$ は $\mathbf{F}$ に一致し，正値行列と考えてよい．しかし，最適解に近くない $\boldsymbol{\theta}$ ではこれは正定とは限らず，負の固有値を持つかもしれない．このとき，ヘッシアンを用いるニュートン法 (6.33) はうまく働かず，解はとんでもない方向へ動いてしまうかもしれない．そこで，ヘッシアン $\mathbf{H}$ を次のように分解してみよう．

$$\mathbf{H} = \mathrm{E}\left[\partial_{\boldsymbol{\theta}} l \partial_{\boldsymbol{\theta}} l\right] = \mathrm{E}\left[e \partial_{\boldsymbol{\theta}} \partial_{\boldsymbol{\theta}} f\right] + \mathrm{E}\left[e^2 \partial_{\boldsymbol{\theta}} f \partial_{\boldsymbol{\theta}} f\right] \tag{6.42}$$

$$= \mathrm{E}\left[(f - f^*)\, \partial_{\boldsymbol{\theta}} \partial_{\boldsymbol{\theta}} f\right] + \mathbf{G} \tag{6.43}$$

である．ここで，ε をゆらぎの項とし，

$$e = f - f^* + \varepsilon, \tag{6.44}$$

$$\mathbf{F} = \mathrm{E}\left[e^2 \partial_{\boldsymbol{\theta}} f \partial_{\boldsymbol{\theta}} f\right] \tag{6.45}$$

とおいた．ところで，最適な $\boldsymbol{\theta}^*$ 点では，$\mathbf{H}(\boldsymbol{\theta}^*) = \mathbf{F}(\boldsymbol{\theta}^*)$ である．

$\mathbf{H}$ が正定でないときは問題であるといった．しかし $\mathbf{G}$ はいつでも正定行列である．$\mathbf{H}$ の第 1 項を無視して $\mathbf{G}$ のみを使い，学習法を

$$\Delta \boldsymbol{\theta} = -\eta \mathbf{G}^{-1} \partial_\theta l \tag{6.46}$$

とするのがガウス–ニュートン法である．最適点 θ^* の近傍では，$\mathbf{H}, \mathbf{G}, \mathbf{F}$ はすべて一致し，学習法は次節で述べる自然勾配法

$$\Delta \boldsymbol{\theta} = -\eta \mathbf{F}^{-1} \partial_\theta l \tag{6.47}$$

となる．

自然勾配法では，最適点 θ^* の近傍では学習は

$$\Delta \boldsymbol{\theta}_{t+1} = -\eta \Delta \boldsymbol{\theta}_t \tag{6.48}$$

のような形で進む．つまり固有値がばらばらでなくてすべて等しくなり，収束は等方的で大きな学習係数が取れる．$\mathbf{H}$ もしくは $\mathbf{F}$ の大きな固有値の存在を気にすることはない．

損失関数

$$L = \frac{1}{2} \mathrm{E}\left[|y - f(\boldsymbol{x}, \boldsymbol{\theta})|^2\right] \tag{6.49}$$

の微分（勾配）$\partial_{\boldsymbol{\theta}} L$ は，関数の値が $\boldsymbol{\theta}$ と共にどう変わるかを示すベクトルである．$L(\boldsymbol{\theta})$ の値が減る方向，特に最も急に減る方向を求めたい．そのためには $\boldsymbol{\theta}$ を $d\boldsymbol{\theta}$ 方向に微小に変化させ，その長さを微小な一定値 ε

$$|d\boldsymbol{\theta}|^2 = d\boldsymbol{\theta} \mathbf{F} d\boldsymbol{\theta}^T = \varepsilon^2 \tag{6.50}$$

に揃えておく．この条件の下でどの方向へ $\boldsymbol{\theta}$ を動かせば，L の値が最も大きく

変わるかを見ればよい．すなわち，(6.50) の条件下で，

$$\Delta L = L(\boldsymbol{\theta} + d\boldsymbol{\theta}) - L(\boldsymbol{\theta}) = \partial_{\boldsymbol{\theta}} L(\boldsymbol{\theta}) \cdot d\boldsymbol{\theta} \tag{6.51}$$

を最大にする方向 $d\boldsymbol{\theta}$ を探す．ラグランジュの未定係数を使い

$$\partial_{\boldsymbol{\theta}} L \cdot d\boldsymbol{\theta} - \lambda d\boldsymbol{\theta}^T \mathbf{F} d\boldsymbol{\theta} \tag{6.52}$$

の極値を求めれば，最大変化の方向が

$$d\boldsymbol{\theta} = \frac{1}{2\lambda} \mathbf{F}^{-1} \partial_{\boldsymbol{\theta}} L \tag{6.53}$$

で求まる．普通の勾配 $\nabla L = \partial_{\boldsymbol{\theta}} L$ に対して

$$\tilde{\nabla} L = \mathbf{G}^{-1} \nabla L \tag{6.54}$$

を**リーマン勾配**または**自然勾配**と呼ぶ．

KL ダイバージェンスを用いれば，

$$d\boldsymbol{\theta}^T \mathbf{F} d\boldsymbol{\theta} = KL\left[p(\boldsymbol{x}, \boldsymbol{\theta}) : p(\boldsymbol{x}, \boldsymbol{\theta} + d\boldsymbol{\theta})\right] \tag{6.55}$$

であるから，長さの条件 (6.50) を KL 一定の条件で置き換えることもよく使われる．

読者の中には，勾配 ∇L が L の**最急変化方向**を表すものと誤解していた方もいるだろう．ユークリッド空間で正規直交座標を取れば，$\mathbf{G} = \mathbf{I}$ であるから

$$\tilde{\nabla} L = \nabla L \tag{6.56}$$

で，自然勾配と勾配は一致し，∇L は最急変化方向である．しかし，ユークリッド空間であっても，極座標系を用いていれば，両者は違う．少し数学的にやかましく言えば，変化の方向 $d\boldsymbol{\theta}$ は接空間のベクトル（**反変ベクトル**ともいう）である．これに対して勾配 ∇L は通常のベクトルではなくて，ベクトルを実数に写像する演算子の表すベクトル，つまり双対ベクトル空間のベクトル，**共変ベクトル**であり，性質が違う．この両者を結びつけて (6.54) とするのが，**計量テンソル F** の役割であった．

最急降下法は

$$\Delta \boldsymbol{\theta} = -\eta \tilde{\nabla} L(\boldsymbol{\theta}) \tag{6.57}$$

である．これを自然勾配降下法というが，リーマン空間での自然な勾配降下法だからである．

Fisher 情報行列 $\mathbf{F}$ は最適点 $\boldsymbol{\theta}^*$ では，損失関数のヘッシアン $\mathbf{H}$ と一致することを見た．だから，Fisher 情報行列の逆行列を用いた自然勾配法は，普通の 2 次の方法と見なせるかもしれない．しかし，両者は思想的には全く違っている．損失関数が確率分布の負の対数尤度で与えられる深層回路の場合に，たま

たま一致したとみることができる．

深層学習などで，ニュートン法やガウス–ニュートン法など，2 次の方法を用いれば，これは最適点の近傍で自然勾配降下法と一致する．しかしこれは一般のリーマン空間では自然勾配降下法とは違う．ニュートン法の場合はヘッシアン $\mathbf{H}$ は正定行列になるとは限らない．ガウス–ニュートン法の場合

$$\mathbf{G} = \nabla L^T \nabla L \tag{6.58}$$

はいつでも正定である．これは正解の $\boldsymbol{\theta}^*$ から発生する教師訓練データ $(\boldsymbol{x}, y^*)$ を使う．Fisher 情報行列 $\mathbf{F}$ は，リーマン空間での $\boldsymbol{\theta}$ 点から出るデータ $(\boldsymbol{x}, y)$ を用いて $l(\boldsymbol{x}, y)$ を定義するので，$\boldsymbol{\theta} \neq \boldsymbol{\theta}^*$ では $\mathbf{G}$ とは違う．ただ，(6.58) の $\mathbf{G}(\boldsymbol{\theta}; \boldsymbol{\theta}^*)$ を $\boldsymbol{\theta}^*$ に依存した新しいリーマン計量と考えれば，それはこの別の計量での自然勾配降下法と見なせる．

余計なことを一つ付け加えよう．自然勾配法はリーマン空間における 1 次の勾配降下法である．ではここで 2 次の方法を用いてさらに加速することができるだろうか．これはできて，リーマン空間でのニュートン法や共役勾配法なども議論できる[5]．しかし，それには深入りしない．

6.6 ランダム深層回路では Fisher 情報行列はブロック対角化する

自然勾配学習法および確率降下学習法での**2 次の加速法**の問題点は，Fisher 情報行列 $\mathbf{F}$（ヘッシアン $\mathbf{H}$）の逆行列の計算の手間にあった．パラメータの数を P とすれば $\mathbf{F}$ は $P \times P$ 行列で，その逆行列を求める計算に P^3 の手間が要る．ところがランダム回路では P を十分に大きくすれば，$\mathbf{F}$ が素子ごとにそのパラメータをまとめて 1 ブロックとした，**ブロックごとの対角行列**に漸近するという驚くべき性質を示す．素子毎のブロックは $p \times p$ の小行列であるから，その逆転は容易である．ブロックごとに対角化してせまる方法は栗田の提案であったが[6]，当時注目されなかった．これを再び提唱し，大規模なシミュレーションを実行してその有効性を確かめたのは Ollivier である[8, 12]．ランダム深層回路において，Fisher 情報行列が素子ごとにブロック対角行列に漸近することを証明したのは甘利らの論文である[9]．これを紹介しよう．

分かりやすくするために，まず最後の層の $\overset{L}{\boldsymbol{x}}$ をそのまま出力とするモデルを扱う．するとパラメータ $\boldsymbol{\theta}$ は各層のニューロンの重みを並べたベクトル

$$\boldsymbol{\theta} = \left(\overset{L}{\mathbf{W}}, \cdots, \overset{1}{\mathbf{W}}\right) \tag{6.59}$$

で，

$$\overset{l}{\mathbf{W}} = \left(\overset{l}{\boldsymbol{w}}_1, \cdots, \overset{l}{\boldsymbol{w}}_p\right)^T \tag{6.60}$$

は第 l 層の各ニューロンの重み横ベクトル $\overset{l}{\boldsymbol{w}}_i$ を縦にまとめた行列である．バイアス項は陽に書いていないがここに含まれているとする．

この場合，出力は $\boldsymbol{y} = \overset{L}{\boldsymbol{x}}$ そのものであるから，確率モデルでの出力は雑音項 $\boldsymbol{\varepsilon}$ を加えて成分で書いて

$$y_i = \overset{L}{x}_i + \varepsilon_i. \tag{6.61}$$

最終層での誤差ベクトル $\boldsymbol{e}$ は

$$e_i = \overset{L}{x}_i - y_i^* + \varepsilon_i, \tag{6.62}$$

$$l(\boldsymbol{\theta}) = \frac{1}{2}\sum_i e_i^2, \tag{6.63}$$

したがって

$$\partial_{\boldsymbol{\theta}} l\left(\boldsymbol{x}, \boldsymbol{y}, \boldsymbol{\theta}\right) = \sum e_i \partial_{\boldsymbol{\theta}} \overset{L}{x}_i\ . \tag{6.64}$$

これより，Fisher 情報行列は

$$\mathbf{F} = \mathrm{E}_{\boldsymbol{x},\boldsymbol{e}}\left[\partial_{\boldsymbol{\theta}} l \left(\partial_{\boldsymbol{\theta}} l\right)^T\right] \tag{6.65}$$

と書ける．期待値 $\mathrm{E}_{\boldsymbol{x},\boldsymbol{e}}$ は入力 $\boldsymbol{x}$ と誤差 $\boldsymbol{e} = (e_i)$ について取る．ここで，Fisher 情報行列を扱う確率モデルでは観測する教師信号 y^* は $\boldsymbol{\theta}$ 点からの出力 y であることに注意すると，$\boldsymbol{e} = \boldsymbol{\varepsilon}$ であるから，

$$\mathbf{Y} = \frac{\partial \overset{L}{\boldsymbol{x}}}{\partial \boldsymbol{\theta}} \tag{6.66}$$

と置けば，

$$\partial_{\boldsymbol{\theta}} l = \boldsymbol{\varepsilon}^T \mathbf{Y}. \tag{6.67}$$

ところが

$$\mathrm{E}_{\boldsymbol{\varepsilon}}\left[\boldsymbol{\varepsilon}\boldsymbol{\varepsilon}^T\right] = \mathbf{I} \tag{6.68}$$

であるから

$$\mathbf{F} = \mathrm{E}_{\boldsymbol{x}} = \left[\mathbf{Y}\mathbf{Y}^T\right]. \tag{6.69}$$

特に第 m 層のパラメータ $\overset{m}{\mathbf{W}} = \left(\overset{m}{\boldsymbol{w}}_i\ ;\ i = 1, \cdots, p\right)$ についての微分を

$$\mathbf{Y}_m = \frac{\partial \overset{L}{\boldsymbol{x}}}{\partial \overset{m}{W}} = \overset{L}{\mathbf{X}} \cdots \overset{m+1}{\mathbf{X}}\ \varphi'\left(\overset{m}{u}_i\right) \circ \overset{m-1}{\boldsymbol{x}}, \tag{6.70}$$

$$\overset{l+1}{\mathbf{X}} = \frac{\partial \overset{l+1}{\boldsymbol{x}}}{\partial \overset{l}{\boldsymbol{x}}} \tag{6.71}$$

としよう．$\circ$ はテンソル積（アダマール積）で，$\varphi'\left(\overset{m}{u}_i\right) \circ \overset{m-1}{\boldsymbol{x}}$ は $\varphi'\left(\overset{m}{u}_i\right) \overset{m-1}{x}_j$ を要素とする行列である．

Fisher 情報行列の m 層と k 層の結合についての部分行列は

$$\mathbf{F}(m,k) = \mathrm{E}_{\boldsymbol{x}}\left[\mathbf{Y}_m \mathbf{Y}_k^T\right] \tag{6.72}$$

である．

まず同一層 k の素子についての Fisher 情報行列 $\mathbf{F}(k)$ を調べる．これは

$$\mathbf{Y}_k \mathbf{Y}_k^T = \left(\overset{L}{\mathbf{X}} \cdots \overset{k+1}{\mathbf{X}}\right)\left(\overset{k+1}{\mathbf{X}}{}^T \cdots \overset{L}{\mathbf{X}}{}^T\right) \varphi'\left(\overset{k}{u}\right)^2 \circ \overset{k-1}{\boldsymbol{x}} \overset{k-1}{\boldsymbol{x}}{}^T \tag{6.73}$$

で，**ドミノ倒し補題**を用いる．すると，χ_s を s 層での拡大率として

$$\mathbf{Y}_k \mathbf{Y}_k^T = \left(\prod_{s=k}^{L} \chi_s\right) \mathbf{I} \circ \overset{k-1}{\boldsymbol{x}} \overset{k-1}{\boldsymbol{x}}{}^T, \tag{6.74}$$

わかりにくいので，k 層の素子 $\overset{k}{w}_{il}$ と $\overset{k}{w}_{jm}$ についての情報行列 $\mathbf{F}$ の要素を書けば，これは

$$\left(\prod \chi_s\right) \delta_{ij} \overset{k-1}{x}_l \overset{k-1}{x}_m \tag{6.75}$$

のようになる．単位行列の部分が δ_{ij} で，$i \neq j$ ならばこれは 0，つまり，同一層内でも 2 つの異なる素子間の Fisher 情報は $p \to \infty$ で 0 に収束する．

異なる層 $k \neq m$ については，$k > m$ とするとき，$\mathbf{Y}_k \mathbf{Y}_m^T$ が

$$\left(\overset{L}{\mathbf{X}} \cdots \overset{k+1}{\mathbf{X}}\right)\left(\overset{L}{\mathbf{X}} \cdots \overset{k+1}{\mathbf{X}}\overset{k}{\mathbf{X}} \cdots \overset{m+1}{\mathbf{X}}\right)^T \tag{6.76}$$

のような項を含む．この行列の転置を取れば，

$$\left\{\left(\overset{k+1}{\mathbf{X}}{}^T \cdots \overset{L}{\mathbf{X}}{}^T\right)\left(\overset{L}{\mathbf{X}} \cdots \overset{k+1}{\mathbf{X}}\right)\right\}\left(\overset{k}{\mathbf{X}} \cdots \overset{m+1}{\mathbf{X}}\right) \tag{6.77}$$

となり，はじめの 2 つの項の積はドミノ倒し補題によって $\prod \chi \mathbf{I}$ となるが，残りの項はランダム行列 $\overset{k}{\mathbf{W}}, \cdots, \overset{m+1}{\mathbf{W}}$ の積に関係し（φ' も含むが），平均 0，分散 $O(1/p)$ のランダムな量で，$p \to \infty$ で 0 に収束する．したがって，Fisher 情報行列のこの部分の要素は 0 に収束する．

出力を $\overset{L}{\boldsymbol{x}}$ とした場合に，Fisher 情報行列 $\mathbf{F}$ が素子ごとにブロック対角化することを見たが，これまでやってきたような出力 y が 1 次元，

$$y = \boldsymbol{v}^T \overset{L}{\boldsymbol{x}} + \varepsilon \tag{6.78}$$

の場合は少し事情が異なる．パラメータを $\boldsymbol{v}$ とそれ以下の層のパラメータ $\boldsymbol{\theta} = \left(\overset{L}{\boldsymbol{w}}_i, \cdots, \overset{1}{\boldsymbol{w}}_i\right)$ に分けて，前と同じに

$$\mathbf{Y} = \frac{\partial \overset{L}{\boldsymbol{x}}}{\partial \boldsymbol{\theta}} \tag{6.79}$$

と置く．$\boldsymbol{v}$ を除く $\boldsymbol{\theta}$ の部分の Fisher 情報行列は

$$\mathbf{F}(k) = \mathrm{E}_{\boldsymbol{x}}\left[\boldsymbol{v}\mathbf{Y}\left(\mathbf{Y}\boldsymbol{v}\right)^T\right] \tag{6.80}$$

と書ける．前の $\overset{L}{\boldsymbol{x}}$ を観測するモデルでは，$\boldsymbol{v}$ の代わりに独立な誤差項 $\boldsymbol{\varepsilon}$ が入り，

$$\mathrm{E}\left[\boldsymbol{\varepsilon}\boldsymbol{\varepsilon}^T\right] = \mathbf{I} \tag{6.81}$$

を用いてドミノ倒し補題を利用した．今の場合 $\boldsymbol{v}$ はパラメータであり，これについての期待値は取らない．$\boldsymbol{v}\boldsymbol{v}^T$ は，平均 $\left(\sigma_v^2/p\right)\mathbf{I}$ で，それ以外に平均 0 でオーダー $1/\sqrt{p}$ のゆらぎを伴う．ゆらぎの部分を無視すれば，ドミノ倒し補題によって，Fisher 情報行列のブロック対角化がいえる．

定理 6.2　ニューロン数 p が大きくなれば，Fisher 情報行列はオーダー $1/\sqrt{p}$ のゆらぎの項を除いて素子ごとに漸近的にブロック対角化する．

ブロック対角行列の逆行列はブロックごとに逆行列を取ればよい．だから計算は容易である．これで栗田と Ollivier の，素子ごとに対角化すればよいという主張は正当化できる．しかし，少し注意が必要である．いま，p 次の対角行列（この場合単位行列とする）に微小項を加えた 2 つの行列

$$\mathbf{A} = \mathbf{I} + \varepsilon\mathbf{B}, \tag{6.82}$$

$$\mathbf{A}' = \mathbf{I} + \varepsilon\mathbf{B}' \tag{6.83}$$

を考えよう．ここで ε は $O(1/\sqrt{p})$ とする．これらの行列の積は，

$$\mathbf{A}\mathbf{A}' = I + \varepsilon\left(\mathbf{B} + \mathbf{B}'\right) + \varepsilon^2\mathbf{B}\mathbf{B}' \tag{6.84}$$

となる．これもまた漸近的に対角行列のように見えるが，そうは問屋が卸さない．積の項 $\varepsilon^2\mathbf{B}\mathbf{B}'$ の計算では行列の積に p 個の項の和を取るため，その成分は $O(1)$ になってしまう．逆行列も同じで，漸近ブロック対角行列の逆行列は，ブロック対角行列とはいえない．このことは，行列 $\mathbf{A}$ について

$$\max\left|A_{ij}\right| \tag{6.85}$$

が行列のノルムとしては使えないことに由来する．

では，Fisher 情報行列のブロック対角化は役に立たないかというとそんなことはない．$\mathbf{F}$ を素子ごとにブロック対角化した行列を $\mathbf{F}_{\mathrm{BD}}$ としよう．このとき $\mathbf{F}_{\mathrm{BD}}^{-1}\mathbf{F}$ を計算してみる．すると，$\mathbf{F}$ の非対角成分はみな漸近的に独立で，平均 0，分散が $O(1/p)$ のガウス分布に従っている．だから，大数の法則によって

$$\mathbf{F}_{\mathrm{BD}}^{-1}\mathbf{F} = \mathbf{I} + O\left(\frac{1}{\sqrt{p}}\right) \tag{6.86}$$

である．これは自然勾配法において，$\mathbf{F}$ の逆行列ではなくて，ブロックごとの

逆行列を用いてよいことを合理化する．唐木田と大沢の論文はこれを確かめている．この論文は難解でよくわからないので[10)]，それとは別に少し詳しく考えてみよう．

いま横ベクトル

$$\boldsymbol{Z}(\boldsymbol{x},\boldsymbol{\theta}) = \partial_{\boldsymbol{\theta}} l(\boldsymbol{x},\boldsymbol{\theta}) \tag{6.87}$$

を用いれば，Fisher 情報行列は

$$\mathbf{F} = \mathrm{E}_{\boldsymbol{x}}\left[\boldsymbol{Z}^T \boldsymbol{Z}\right] \tag{6.88}$$

であった．正解 $\boldsymbol{\theta}^*$ の近傍 $\boldsymbol{\theta} = \boldsymbol{\theta}^* + \Delta\boldsymbol{\theta}$ で，ブロック対角化した $\mathbf{F}_{\mathrm{BD}}$ の逆行列を用いた自然勾配学習は

$$\Delta\boldsymbol{\theta}_{t+1} = \Delta\boldsymbol{\theta}_t - \eta \mathbf{F}_{\mathrm{BD}}^{-1} \mathbf{H} \Delta\boldsymbol{\theta}_t \tag{6.89}$$

と書ける．最適点 $\boldsymbol{\theta}^*$ では $\mathbf{F} = \mathbf{H}$ であるから，これは

$$\Delta\boldsymbol{\theta}_{t+1} = \Delta\boldsymbol{\theta}_t - \eta \mathbf{F}_{\mathrm{BD}}^{-1} \mathbf{F} \Delta\boldsymbol{\theta}_t. \tag{6.90}$$

$\mathbf{F}$ はブロック対角に収束しても，$\mathbf{F}^{-1}$ は誤差項が積もってそうではないかもしれないことを述べた．$\mathbf{F}$ を素子ごとに対角行列化し，ニューロン素子 α に対応するブロックの小行列を $\mathbf{F}_\alpha$ とする．すなわち

$$\mathbf{F}_{\mathrm{BD}} = \begin{bmatrix} \mathbf{F}_1 & & 0 \\ & \ddots & \\ 0 & & \mathbf{F}_M \end{bmatrix}, \tag{6.91}$$

M は素子数 $L_p = Lp^2$ である．このとき，$\mathbf{F}_{\mathrm{BD}}^{-1}\mathbf{F}$ は $\mathbf{F}_{\mathrm{BD}}^{-1}$ がブロック対角であるから，$\mathbf{F}$ が漸近ブロック対角ならば，これもブロックごとに漸近対角になり，各対角ブロックは素子 α ごとに

$$\mathbf{D}_\alpha = \mathbf{F}_{\mathrm{BD}\alpha}^{-1} \mathbf{F}_\alpha = \mathbf{I}_\alpha \tag{6.92}$$

と書ける．すなわち，

$$\Delta\boldsymbol{\theta}_{t+1} = (1-\eta)\Delta\boldsymbol{\theta}_t. \tag{6.93}$$

したがって $\mathbf{F}^{-1}$ が漸近的にブロック対角化しなくても，$\mathbf{F}$ が $p \to \infty$ でブロック対角化すれば

$$\mathbf{F}_{\mathrm{BD}}^{-1}\mathbf{F} = \mathbf{I} \tag{6.94}$$

がいえる．このことは素子ごとの**対角化自然勾配学習法**を正当化する．

6.7 経験 Fisher 情報行列とブロック対角化

Fisher 情報行列 $\mathbf{F}$ の逆転はブロック対角化でできるとしても，$\mathbf{F}$ を計算することと自体が面倒である．これには未知の入力確率分布 $q(\boldsymbol{x})$ が必要である．これをさけるには，各入力 $\boldsymbol{x}$ ごとに誤差を逆伝播させて，これを用いて計算する．一方，データをもとにした経験 Fisher 情報行列なら得られるから，これを使うことを考えよう．

深層学習では，行列 $\mathbf{Z} = (Z_{si})$

$$\mathbf{Z} = \frac{\partial}{\partial \boldsymbol{\theta}} f(\boldsymbol{x}_s, \boldsymbol{\theta}) \tag{6.95}$$

が重要であった．$\boldsymbol{x}_s$ は時刻 s での入力，成分 i は $\boldsymbol{\theta}$ の成分に対応する．ここから神経接核が

$$\mathbf{K}(\boldsymbol{x}_s, \boldsymbol{x}_t) = \mathbf{Z}(\boldsymbol{x}_s, \boldsymbol{\theta})\, \mathbf{Z}^T(\boldsymbol{x}_t, \boldsymbol{\theta}), \tag{6.96}$$

$$\mathbf{K}(X, X) = \mathbf{Z}(X, \boldsymbol{\theta})\, \mathbf{Z}^T(X, \boldsymbol{\theta}) \tag{6.97}$$

と定義できた．その固有値が学習の速度に影響を及ぼした．ところが，同じ行列を使って，積の順序を変えた**経験 Fisher 情報行列**

$$\hat{\mathbf{F}} = \mathbf{Z}^T(X, \boldsymbol{\theta})\mathbf{Z}(X, \boldsymbol{\theta}) \tag{6.98}$$

は，n 個の $\boldsymbol{x}_s$ についての和であるから，$n \to \infty$ とすれば，Fisher 情報行列の n 倍に収束する．何故ならば，データによる期待値を，その実現値の算術平均に置き換えたものだからである．n が有限のとき，これを経験 Fisher 情報行列と呼んだ．期待値をデータの経験分布を用いて取ったものだからである．

行列 $\mathbf{Z} = (Z_{si})$ を単因子分解する．すなわち $P \times P$ 直交行列 $\mathbf{S}$，$n \times n$ 直交行列 $\mathbf{T}$ を用いて

$$\mathbf{Z} = \mathbf{TMS}^T \tag{6.99}$$

と分解する．ただし

$$\mathbf{M} = \left[\begin{array}{ccc|c} \mu_1 & & 0 & \\ & \ddots & & 0 \\ 0 & & \mu_n & \end{array}\right] \tag{6.100}$$

は $\mathbf{Z}$ の単因子を表わす $n \times P$ 行列であり，n 個の単因子 $\mu_1, \cdots, \mu_n$ が対角に並び，それ以外の要素は 0 である．

カーネル $\mathbf{K}$ は，この分解を使って

$$\mathbf{K} = \mathbf{ZZ}^T = \mathbf{T}\boldsymbol{\Lambda}_n\mathbf{T}^T, \tag{6.101}$$

$$\boldsymbol{\Lambda}_n = \mathbf{MM}^T \tag{6.102}$$

と書ける．一方経験 Fisher 情報行列は

$$\hat{\mathbf{F}} = \mathbf{Z}^T\mathbf{Z} = \mathbf{S}^T\mathbf{\Lambda}_p\mathbf{S} \tag{6.103}$$

である．ここで，経験 Fisher 情報行列の場合は $\mathbf{\Lambda}_p$

$$\mathbf{\Lambda}_p = \left[\begin{array}{ccc|c} \lambda_1 & & 0 & \\ & \ddots & & \\ 0 & & \lambda_n & 0 \\ \hline & 0 & & 0 \end{array}\right]. \tag{6.104}$$

これで見ると，$\mathbf{K}$ と $\hat{\mathbf{F}}$ は同じ固有値 $\lambda_1, \cdots, \lambda_n$ を持っているが，$\hat{\mathbf{F}}$ は縮退していて，$P-n$ 個の固有値は 0 である．経験 Fisher 情報行列 $\hat{\mathbf{F}}$ は縮退しているから，逆行列は存在しない．しかし，経験自然勾配法では，一般逆行列を使う．これは

$$\hat{\mathbf{F}}^\dagger = \left(\mathbf{Z}^T\mathbf{Z}\right)^\dagger = \mathbf{Z}^T\mathbf{Z}\left(\mathbf{Z}\mathbf{Z}^T\mathbf{Z}\mathbf{Z}^T\right)^{-1} \tag{6.105}$$

と書ける．これを単因子分解すれば

$$\hat{\mathbf{F}}^\dagger = \mathbf{S}\mathbf{\Lambda}_p\mathbf{S}^T \tag{6.106}$$

のようになるから，一般逆行列は

$$\mathbf{F}^\dagger = \mathbf{S}\mathbf{\Lambda}_p^{-1}\mathbf{S}^T \tag{6.107}$$

と書ける．ただし $\mathbf{\Lambda}^\dagger$ は $\mathbf{\Lambda}$ の一般逆行列で，

$$\mathbf{\Lambda}_p^\dagger = \left[\begin{array}{ccc|c} \lambda_1^{-1} & & 0 & \\ & \ddots & & 0 \\ 0 & & \lambda_n^{-1} & \\ \hline & 0 & & 0 \end{array}\right]. \tag{6.108}$$

経験 Fisher 情報行列を用いた自然勾配学習法による学習方程式は

$$\Delta\boldsymbol{\theta}_t = -\eta\hat{\mathbf{F}}^\dagger\mathbf{Z}^T\boldsymbol{e} \tag{6.109}$$

のようになる．

$$\hat{\mathbf{F}}^\dagger\mathbf{Z}^T\mathbf{Z}d\boldsymbol{\theta} = \hat{\mathbf{F}}^\dagger\hat{\mathbf{F}}d\boldsymbol{\theta} \tag{6.110}$$

であるから

$$\Delta\boldsymbol{\theta}_{t+1} = -\eta\mathbf{I}\Delta\boldsymbol{\theta}_t \tag{6.111}$$

となり経験自然勾配法もまた，等方的に $\Delta\boldsymbol{\theta}_t$ が原点に収束するので，元の自然勾配法の代わりに使える．

6.8 経験自然勾配学習の実現と Adam：一般化損失の導入

自然勾配学習法は

$$\dot{\boldsymbol{\theta}} = -\eta \hat{\mathbf{F}}^{\dagger} \mathbf{Z}^T \boldsymbol{e} \tag{6.112}$$

と書けた．特異値分解を用いれば

$$\hat{\mathbf{F}}^{\dagger} \mathbf{Z}^T = \mathbf{S} \boldsymbol{\Lambda}^{-1} \mathbf{M} \mathbf{T}^T \tag{6.113}$$

である．一方，

$$\mathbf{Z}^T \mathbf{K}^{-1} = \mathbf{S} \mathbf{M} \boldsymbol{\Lambda}^{-1} \mathbf{T}^T \tag{6.114}$$

のように書けるから，

$$\boldsymbol{\Lambda}^{-1} \mathbf{M} = \mathbf{M} \boldsymbol{\Lambda}^{-1} \tag{6.115}$$

で両者は等しい（ただし，行列 $\mathbf{M}, \boldsymbol{\Lambda}$ の次元が違う場合にはそれに合わせて 0 を付けることに注意）．従って経験自然勾配学習法は

$$\dot{\boldsymbol{\theta}} = -\eta \mathbf{Z}^T \mathbf{K}^{-1} \boldsymbol{e} \tag{6.116}$$

のように書くこともできる．これを計算するのに $\hat{\mathbf{F}}^{\dagger}$ 自体を求める必要はない．

Fisher 情報行列は $P \times P$ 行列であり，その逆転が問題であった．しかし，経験自然勾配法を実現するには，$n \times n$ 行列のカーネル行列 $\mathbf{K}$ を逆転すればよく，計算論的にも負担が軽い．とくに，ミニバッチ学習で，バッチサイズを 30〜50 程度にすれば，$\mathbf{K}$ の逆転も容易で，効果が大きいはずである．

勾配降下学習法の難点は，固有値 λ_i がばらついていて，大きいものと小さいものがあり，このために η を最大固有値の逆数程度に小さくしなければならず，収束が遅い点であった．経験自然勾配法は自然勾配法と同様にこの難点を克服し，等方的な収束とするため，η を大きく取れて収束が速い．

P を大きくすれば，$\mathbf{Z}$ の零方向 $\mathbf{N}$ を除いて，Fisher 情報行列と経験 Fisher 情報行列は一致する．経験 Fisher 情報行列の逆行列を使った経験自然勾配学習法，

$$\dot{\boldsymbol{\theta}} = -\eta \hat{\mathbf{F}}^{\dagger} \mathbf{Z} \boldsymbol{e} = -\eta \mathbf{Z}^T \mathbf{K}^{-1} \boldsymbol{e} \tag{6.117}$$

では，N 方向にはパラメータ $\boldsymbol{\theta}$ の変化がなくて，N に直交する方向では，等方的に最適解に収束する．

ただし，これらの良い性質は，最適点 $\boldsymbol{\theta}^*$ の近傍で成立することである．ガウス–ニュートン法についていえることであるが，$\boldsymbol{\theta}^*$ の近傍から遠く離れた点ではかえって悪くなる場合もあり得るので，注意が必要である[11)]．

深層学習でよく使われる手法の一つに **Adam** がある，これは，現在の勾配

∇l の大きさを調整して適切な大きさにスケールするとともに，過去の勾配方向，いわゆるモーメンタムの項を取り入れたものである．大変合理的であり，実用上役に立つと多用されているが，はっきりした理論的な根拠に欠けていた．実はこれは経験自然勾配法の近似であることを示そう．そのために，ミニバッチの損失関数を，誤差の二乗和ではなくて，誤差の 2 次形式

$$L(\boldsymbol{\theta}) = \frac{1}{2}\boldsymbol{e}^T\mathbf{K}^{-1}\boldsymbol{e} \tag{6.118}$$

で定義する．その係数行列として，カーネル $\mathbf{K}$ の逆行列を用いた．すると，この損失関数を用いて通常の勾配を計算すると

$$\partial_{\boldsymbol{\theta}} L = \mathbf{Z}^T\mathbf{K}^{-1} \tag{6.119}$$

となって，経験自然勾配法と一致する．つまり Adam は，実は自然勾配学習法を近似的に行っていたものである．このことを考えれば，Adam のさらなる改良が期待できる．

終わりの一言

関数 $L(\boldsymbol{\theta})$ の勾配 L は，L が最急に変化する方向と誤解されている．それももっともで，ユークリッド空間で正規直交座標系を取るならば，その通りである．一般のリーマン空間で考えれば，リーマン距離を用いた最急変化方向が出る．これが自然勾配である．

何故これを使うと聞かれて，これが最も自然な定義であると答えたのがいつの間にか拡がって，自然勾配という名前が流布してしまった．正しくはリーマン勾配というべきであろう．これはガウス–ニュートン法を言い換えただけに過ぎない，とも言われたが，それは違う．多くの回帰問題では，平均二乗誤差を用い，これが素直に表現するガウス誤差の確率分布では，対数確率尤度がその負の値になる．両者が同一の l を用いるから，自然勾配法とガウス–ニュートン法が一致するに過ぎない．他のモデル，たとえば独立成分分析などでは，両者は全く違う．リーマン空間が重要であるとの認識が広まってきたことは喜ばしい．

自然勾配降下法の近似的な実現には，KFAC など前後の層の影響を取り入れた 3 層を用いるものがあったが[1)]，Ollivier が提出した素子ごとの対角化でよいという指摘が大変野心的であった．Ollivier はさらに，各素子のブロックで，対角部分とバイアス項に対応する周辺項を加えれば，十分に近似でき，これは計算論的には従来の単純な勾配降下法の 2 倍程度の手間で済むといっている．

ここでは，Fisher 情報行列がランダム回路網では素子数が増えるときに漸近的に対角化すること，これを用いれば自然勾配法が容易に実現できることを示した．さらに，経験 Fisher 情報行列を用いると，$\mathbf{F}$ の逆転の必要がなく，観

測数 n のカーネル行列の逆転で済むことも示した．驚くべきことに，これはよく使われる手法である Adam の一般化を与える．サイズが 10〜100 程度のミニバッチに向いているといえよう．

自然勾配降下法は古くから興味は持たれていたものの，計算論的に大規模行列の逆転を伴うので実装が問題視され，これを救済するためのいくつかの方法が模索されてきた．大掛かりなものに，前後を含めた 3 層を用いて対角化する KFAC などがある．

ところが，微分幾何学で実績のあるフランスの数学者 Y. Ollivier が乗り出して，長大な 2 編の論文を発表した．自然勾配法を巡る詳しい解説と膨大なシミュレーションにより，素子ごとのブロック対角化で，自然勾配法が効率的に実装できることを示したのである．彼はさらに adaptive な実装法，TANGO を提案したり，拡張 Kalman フィルターは，実は自然勾配学習法を行っていることなどを示して活躍している．これに刺激されて，私は大規模ランダム回路では Fisher 情報行列が漸近的に素子ごとにブロック対角化されることを理論的に示した．その逆行列もブロック対角であると早合点したら，Ollivier にそれは違うと指摘されて愕然とした．

いまや自然勾配学習法は夢の技術ではない．汎用の通常の用法となりつつあることは喜ばしい．

なお，固有値の分布に関しては興味深い研究がある[13]．最終層 L での出力

$$\overset{L}{\boldsymbol{x}} = \boldsymbol{f}(\boldsymbol{x}, \boldsymbol{\theta}) = (f_i(\boldsymbol{x}, \boldsymbol{\theta})) \tag{6.120}$$

を，入力 $\boldsymbol{x}$ に対する脳内での情報表現と考えよう．$\boldsymbol{\theta}$ は未知のパラメータ，$\overset{L}{\boldsymbol{x}} = \left(\overset{L}{x}_i\right)$ は脳内のニューロン i の応答である．このとき，カーネル

$$\overset{L}{\mathbf{K}} = \left(\overset{L}{K}_{st}\right), \overset{L}{K}_{st} = \sum_i f_i(\boldsymbol{x}_s, \boldsymbol{\theta}) f_i(\boldsymbol{x}_t, \boldsymbol{\theta}) \tag{6.121}$$

の固有値の分布を考える．$\mathbf{K}$ の固有値が P を大きくすると

$$\sum \lambda_i \to \infty, \tag{6.122}$$

たとえば

$$\lambda_i \sim O\left(\frac{1}{i}\right) \tag{6.123}$$

を満たすならば，$\boldsymbol{x}$ の情報表現 $\overset{L}{\boldsymbol{x}} = \boldsymbol{f}(\boldsymbol{x}, \boldsymbol{\theta})$ は滑らかな曲面をなさず，フラクタル的になる．これはカオス的なダイナミクスを内包することを意味する．

現実の神経系でニューロンの反応を測定すれば，これが条件式 (6.122) すれすれの状況にあり，脳内情報の表現がカオス–フラクタルに近いことが報告されている[13]．脳はぎりぎりの情報表現を使っているらしい．

参考文献

1) 甘利俊一, 新版 情報幾何学の新展開, サイエンス社, 2019.
2) S. Amari, Natural Gradient Works Efficiently in Learning. *Neural Computation*, Vol.**10**, No.2, pp.251–276, 1998.
   S. Amari, Theory of adaptive pattern classifiers. *IEEE Trans.*, EC-**16**, No.3, pp.299–307, 1967.（日本語版は 1966.）
3) R. Karakida, S. Akaho and S. Amari, Universal statistics of Fisher information in deep neural networks: Mean field approach. AISTATS2019, *PMLR*, Vol.**89**, pp.1032–1041, 2019.
4) R. Karakida, S. Akaho, S. Amari, The normalization method for alleviating pathological sharpness in wide neural networks. accepted in NeurIPS2019.
5) A. Edelman, T.A. Arias and S.T. Smith, The geometry of algorithms with orthogonality constraints. *SIAM j. on Matrix Analysis and Applications*, **20**, pp.303–353, 1998.
6) T. Kurita, Iterative weighted least squares algorithms for neural networks classifiers. *New Generation Comput.*, **12**, 375–394, 1994.
7) Y. Ollivier, Online natural gradient as a Kalman filter. arXiv:1703.00209, 2017.
8) G. Marceau-Caron and Y. Ollivier, Practical Riemannian neural networks. arXiv:1602.08007, 2016.
9) S. Amari, R. Karakida and M. Oizumi, Fisher information and natural gradient learning in random deep networks. AISTATS2019, PMLR, Vol.89, pp.694–702, 2019.
10) R. Karakida and K. Osawa, Understanding approximate Fisher information for fast convergence of natural gradient descent in wide neural networks. NeurIPS 2020 (oral presentation).
11) F. Kunstner, L. Balles and P. Hennig, Limitations of the empirical Fisher approximation. arXiv:1905.12558v1, 2019.
12) Y. Ollivier, Riemannian metrics for neural networks I: feedforward networks. *Information and Inference*, **4**, 108–153, 2015.
13) C. Stringer, M. Pachitariu, N. Steinmetz, M. Carandini and K.D. Harris, High-dimensional geometry of population responses in visual cortex. *Nature*. **571** (7765) pp.361–365, 2019.

第 7 章
汎化誤差曲線：二重降下

深層学習は，きわめて大規模な回路網を用いて，データをもとにパラメータの調整を行う．ときには，パラメータの数は数十億にも及ぶ．こんな巨大なシステムがうまくいくはずがないという思い込みが，統計学の手ほどきを受けた研究者からは出る．とはいえ真実は奇なり，実際にやってみて素晴らしい性能を挙げてきたのが深層学習の歴史である．うまくいくのならそれで問題はないが，理論的な根拠が欲しい．統計学でもこのような巨大な数のパラメータを扱う理論が，あちこちで出だした．

深層学習でも，汎化誤差とパラメータ数の関係を探るのに，**汎化誤差曲線**の理論がある．これはパラメータの数 p（前章では P としたが，ここで小文字にする）が観測データの数 n に比べればずっと小さい範囲で議論されてきた．しかし，最近 p が n より大きい場合が議論されだした．これが**二重降下汎化誤差曲線**である[1~3]．まだ単純な線形モデルでしか十分に精密な解析はなされていないようだが，**神経接核理論**によれば，巨大回路網はランダムな初期値の近傍で線形化してよいから，この理論はヒントになる．巨大回路がなぜうまくいくのか，まだ十分に納得のいく説明が与えられたとはいい難いが，光が見えてきた．

7.1 訓練誤差と汎化誤差

統計学では，統計モデル（確率分布モデル）を使って観測データからその基となる確率分布を推定する．モデルは簡単なものから複雑なものまで多数あるから，どのモデルを選ぶべきか，**モデル選択**に関する理論が必要であった．確率モデルを一つ定め，そこに含まれる未知のパラメータ数を p とする．p を大きくすれば，それだけ複雑な状況を反映できる．だから p が大きいほど良いモデルといえるだろうか？

そこで，実際の観測データ（訓練データ）の数を n とし，n を十分大きな数として，パラメータ p がどのくらいの数のモデルを選んだらよいか考えよう．

回帰モデルならば，現実の観測データに対してパラメータを最適に調整（例えば最尤推定）する．学習後のモデルが訓練用のデータの入出力関係をどのくらい良く説明するか，そのときの誤差を**訓練誤差**という．学習（パラメータ推定）は訓練誤差を最小にするパラメータを探す．

学習の結果は，新しい入力データを得たときに，このモデルを用いて出力をどのくらい良く予測できるか，この予測のために用いられる．新しいデータに対する誤差の期待値を**汎化誤差**という．汎化誤差は当然ながら訓練誤差よりは大きくなる．汎化誤差を小さくすることが望ましい．

一昔前，経済学の数理モデルがもてはやされ，膨大なデータを使って産業連関表などを作り，産業の情勢を把握しようとした．折しもコンピュータが使えるようになり，計算ができる．「大きいことはいいことだ」が合言葉となった．大きいモデルでは訓練誤差は確かに小さくなる．しかし，これは与えられた特定のデータを説明しはするものの，データを発生させる未知の仕組みの発見ではない．汎化誤差はパラメータを巨大にすればかえって悪くなってしまう．今では超巨大なモデルは使わないのが常識である．しかし深層学習はコンピュータの能力が良いことを笠に着て，超巨大なモデルを使う．しかも，これがうまくいくというから驚きである．

汎化誤差と訓練誤差の関係が明らかにできれば，観測できる訓練誤差をもとに汎化誤差を推定して，汎化誤差を最小にするモデルを選ぶことができる．これが有名な**赤池情報量規準（AIC）**で導出された公式

$$L_{\text{gen}} = L_{\text{train}} + \frac{2p}{n} \tag{7.1}$$

である．ここで $L_{\text{gen}}, L_{\text{train}}$ はそれぞれ汎化誤差と訓練誤差（実はその 2 倍）である．でもその導出は簡単ではない．同種の議論はいろいろな基準を使って出てくる．パラメータ数 p を増やしてより複雑なモデルを使えば，今あるデータをより良く説明する．パラメータ数 p を n まで増やせば，データを完全に説明するパラメータが得られ，訓練誤差は 0 にできるだろう（ざっとの話である）．つまり，訓練誤差は p と共に単調に減少する．しかるに，汎化誤差は p と共に増大する項を含むため，p を増やすとあるところから増大に転ずる．p が大きいときは，誤差を含んだ観測データを無理してすべて説明しようとするため，データに過度に適応してしまう．この結果，新しいデータに適応する汎化能力を失う．これが**過学習**である．

誤差曲線，つまりパラメータ数 p を横軸にとった誤差曲線は，図 7.1 に示すように，訓練誤差は p と共に一様に減少し，$p = n$ で 0 に至る．しかるに汎化誤差は p のある値で最小値を取り，以後増加に転ずる U 字型の形である．AIC は，汎化誤差曲線が最低値を取る p の値でモデルを決めようというモデル選択法であり，(7.1) が示す規準が極めて簡単であるため一世を風靡した．

簡単なモデルで過学習を説明しておこう．回帰モデルで，入力 x に対して y

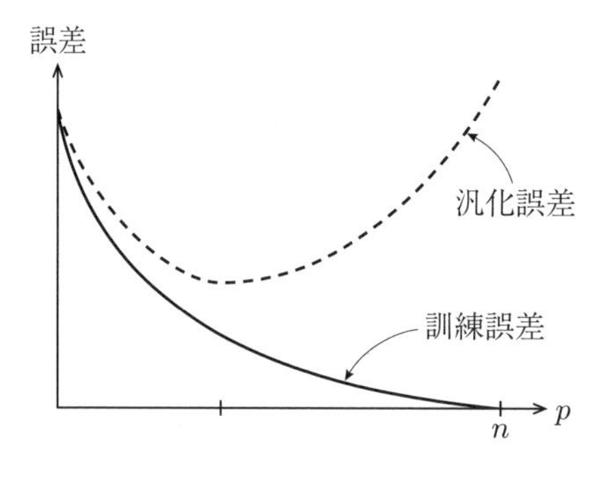

図 7.1　汎化誤差と訓練誤差.

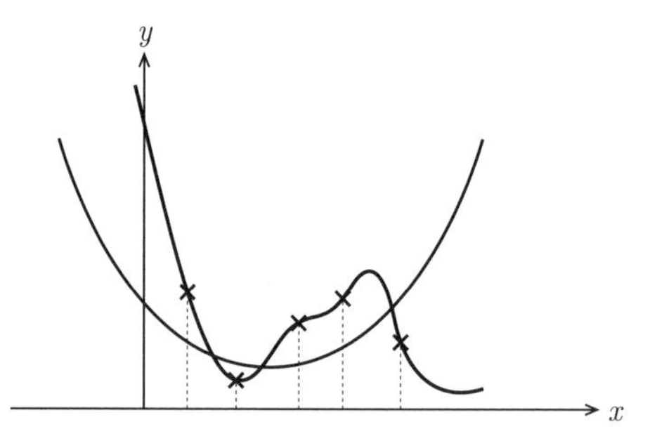

図 7.2　観測点の 4 次式による当てはめ.

を出力とする誤差付きのモデル

$$y = f(x, \boldsymbol{\theta}) + \varepsilon \tag{7.2}$$

を考える．ε は平均 0 のガウス分布に従う誤差とする．仮に観測点が 5 点で，観測データが $(x_1, y_1), \cdots, (x_5, y_5)$ であったとしよう．真の関数は，仮に 2 次式

$$y = f(x, \boldsymbol{\theta}) = ax^2 + bx + c \tag{7.3}$$

であったとする．$\boldsymbol{\theta} = (a, b, c)$ である．ここで (7.3) の代わりに 4 次式のモデルを選べば，4 次式の 5 個の係数 $\boldsymbol{\theta}$ を調整してすべての観測点を通る複雑な曲線が得られる（図 7.2）．この式は観測データを完全に説明し，訓練誤差は 0 である．しかし，真のモデルは 2 次式であった．4 次式の答えは，観測に伴う誤差項 ε までを完全に説明してしまう．このパラメータを用いて，新しい観測点 x に対する y を予測すると，訓練データの点 x_i では誤差を含めたもとの値 y_i に一致するものの，それ以外の点では極めて悪い値を出す．これが過学習である．AIC で p を選べば，良い推論ができる．

こうして，p が大きいモデル，まして $p > n$ なるモデルは，考えても意味がないとされ，相手にされなかった．そこへ出てきたのが深層学習モデルである．n よりはるかに大きい p を持つ回路を用い，学習（確率勾配降下法による最尤推定）を行う．これでうまくいくというから驚きである．たまたまうまくいった例があったというにしては，うまくいき過ぎる．もちろん，うまくいかなかった例も膨大にあっただろうが，それは失敗としてこっそり捨てられ報告されない．うまくいったもののみが大手を振ってまかり通る．しかもそれがすばらしい成果を上げる．

理論的な根拠に乏しいままに，しばらく時が流れた．統計学でも，n が無限大の漸近論だけでなく，p が無限大の漸近論も議論され始めた．自然の流れとして出てきたのが，$n < p$, $n > p$ の両方を含み，$n, p \to \infty$ とする漸近論である．これはまだ完成したものとは言えないし，大規模の深層学習がなぜうま

くいくのか，その謎は未だに残る．しかし，$p > n$ でも学習がうまくいくことは示せる．以下では単純な回帰モデルを用いた汎化誤差曲線の理論を紹介しよう[1~3]．

7.2 線形回帰モデル

話を単純化して，p 次元横ベクトルの入力 $\boldsymbol{z} = (z_1, \cdots, z_p)$ に対して，出力としてその成分の 1 次結合を出す線形回帰モデル

$$y = \boldsymbol{z\theta} + \varepsilon \tag{7.4}$$

を考えよう．$\boldsymbol{\theta} = (\theta_1, \cdots, \theta_p)^T$ は各成分の効果を表す未知のパラメータで p 次元の縦ベクトル，誤差 ε は観測ごとに独立で，平均 0，分散 σ^2 のガウス分布に従うとする．

n 個の p 次元入力横ベクトル $\boldsymbol{z}_1, \cdots, \boldsymbol{z}_n$ に対して，これを縦に並べた $n \times p$ 行列を

$$\mathbf{Z} = \begin{bmatrix} \boldsymbol{z}_1 \\ \vdots \\ \boldsymbol{z}_n \end{bmatrix} \tag{7.5}$$

で表す．$\boldsymbol{y}$ も $\boldsymbol{\varepsilon}$ も同様に，各例題を成分として縦ベクトル化すれば，回帰式 (7.4) は n 個のデータに対してまとめて

$$\boldsymbol{y} = \mathbf{Z}\boldsymbol{\theta} + \boldsymbol{\varepsilon} \tag{7.6}$$

のように書ける．入力 $\mathbf{Z}$ の成分 z_{si} はいずれも平均 0，分散 1 のガウス分布から独立に選ばれるとする（各回の $\boldsymbol{z}_s$ は s ごとに独立だが，その成分は独立でなくて共分散行列 $\mathbf{V}$ を持つ場合も解かれている）．

真のモデルは，$P > p$ 個の変数を含む P 次元ベクトル $\boldsymbol{\theta}^*$ だとしよう．P は十分大きいものとする．我々はその中から勝手な p 次元の部分のみを含むモデル

$$M_p : y = \boldsymbol{z\theta} + \varepsilon \tag{7.7}$$

を考える．ここでは，$\boldsymbol{z}$ も $\boldsymbol{\theta}$ も p 個の成分のみを含む p 次元ベクトルである．さらに n も p も十分に大きい漸近論を考え，$\gamma = p/n$ と置く．$p < n$ の古典論の場合は $\gamma < 1$，パラメータ過剰の $p > n$ の場合は $\gamma > 1$ である．このモデルで，$\boldsymbol{\theta}$ を学習した場合の訓練誤差と汎化誤差が，p と共にどう変わるかを議論する．

解析を行う前に深層学習モデルとの関係を見ておこう．深層学習では，パラメータ $\boldsymbol{\theta}$ で指定される階層回路を用いて

$$y = f(\boldsymbol{x}, \boldsymbol{\theta}) + \varepsilon \tag{7.8}$$

をモデルとして採用する．このとき，パラメータの次元 p が十分に大きければ，初期パラメータ $\boldsymbol{\theta}_0$ を独立にランダムに選んだ場合，初期値の近傍に解があり，$\boldsymbol{\theta}^* = \boldsymbol{\theta}_0 + \Delta\boldsymbol{\theta}$ として線形化方程式

$$\boldsymbol{e} = \mathbf{Z}\Delta\boldsymbol{\theta} + \varepsilon \tag{7.9}$$

を採用できることを神経接核理論で見た．ただし，$\boldsymbol{\theta}^*$ が求める解，$\mathbf{Z} = (Z_{si})$ は $n \times p$ 行列で，入力の例題 $X = (\boldsymbol{x}_1, \cdots, \boldsymbol{x}_n)$ に対し

$$\mathbf{Z} = \partial_{\boldsymbol{\theta}} f(X, \boldsymbol{\theta}), \tag{7.10}$$

$\boldsymbol{e}$ は誤差ベクトル

$$\boldsymbol{e} = \boldsymbol{y} - \boldsymbol{y}^*, \tag{7.11}$$

$\boldsymbol{y}^*$ が教師信号である．入力 $\boldsymbol{x}$ がランダムならば，$\mathbf{Z}$ はランダムに決まる行列で，線形モデル (7.4) と同じ構造をしている．ただ，線形モデルのときは成分 Z_{si} はすべて独立で平均 0 のガウス分布に従ったが，深層学習の場合，平均は 0 だがその成分は独立でなく，複雑である．だから，ここの線形モデルの解析がそのまま深層学習の特性を明らかにするわけではない．しかし，過剰パラメータの場合の汎化の傾向を知ることはできるだろう．

7.3 線形モデルの解析：学習と汎化誤差

簡単な場合から話を始める．ここでの解説は主として論文 1) に従っている．p 個のパラメータ $\boldsymbol{\theta}$ を含むモデル M_p を考え，真の解 $\boldsymbol{\theta}^*$ もこのモデルの中にある場合，すなわち $P = p$ である場合をまず解析する．もちろん，実際には真の解は M_p には含まれていないとして，$P > p$ の場合にモデルの良さ（汎化誤差）が p と共にどう変わるかを調べなければいけないのだが，その第一歩としてここから話を始める．

n 個の観測データ $(\boldsymbol{z}_1, y_1), \cdots, (\boldsymbol{z}_n, y_n)$ に対して，損失関数を

$$L(\boldsymbol{\theta}) = \frac{1}{2}\sum (y_s - \boldsymbol{z}_s \cdot \boldsymbol{\theta})^2 = \frac{1}{2}|\boldsymbol{y} - \mathbf{Z}\boldsymbol{\theta}|^2 \tag{7.12}$$

とおく．誤差を最小にするために $\boldsymbol{\theta}$ の 2 次関数 L を微分すると

$$\partial_{\boldsymbol{\theta}} L(\boldsymbol{\theta}) = \mathbf{Z}^T (\mathbf{Z}\boldsymbol{\theta} - \boldsymbol{y}). \tag{7.13}$$

だから，次の学習方程式に従って $\boldsymbol{\theta}$ を変更すればよい．

$$\dot{\boldsymbol{\theta}} = -\mathbf{Z}^T (\mathbf{Z}\boldsymbol{\theta} - \boldsymbol{y}). \tag{7.14}$$

ここで簡単のため，差分の代わりに時間微分を用い，$\eta = 1$ とした．この解を解析しよう．$n \times p$ 行列 $\mathbf{Z}$ を $n \times n$ 直交行列 $\mathbf{T}$ と $p \times p$ 直交行列 $\mathbf{S}$ を用いて

$$\mathbf{Z} = \mathbf{TMS}^T \tag{7.15}$$

と単因子分解する．$\mathbf{M}$ は対角行列で，$n \geq p$ ならば $\mu_1, \cdots, \mu_p$，$n < p$ ならば $\mu_1, \cdots, \mu_n$ を対角成分とし，あとの要素は 0 である $n \times p$ 行列である．$\boldsymbol{\theta}$ を $\mathbf{S}$ で回転し，変数を

$$\boldsymbol{w} = \mathbf{S}^T \boldsymbol{\theta} \tag{7.16}$$

とすれば，学習方程式 (7.14) は

$$\dot{\boldsymbol{w}} = -\boldsymbol{\Lambda} \boldsymbol{w} + \mathbf{MT}^T \boldsymbol{y} \tag{7.17}$$

となる．

$$\boldsymbol{\Lambda} = \mathbf{MM}^T \tag{7.18}$$

は $p \times p$ 対角行列で，その対角成分は $p < n$ ならば

$$\lambda_i^2 = \mu_i, \quad i = 1, \cdots, n \tag{7.19}$$

で，$p > n$ ならば，n を超える成分は $\lambda_i = 0, i = n+1, \cdots, p$ となる．さらに

$$\boldsymbol{y} = \mathbf{Z} \boldsymbol{\theta}^* + \boldsymbol{\varepsilon} \tag{7.20}$$

であったから，(7.17) は

$$\dot{\boldsymbol{w}} = -\boldsymbol{\Lambda} \left(\boldsymbol{w} - \boldsymbol{w}^* \right) + \hat{\boldsymbol{\varepsilon}}, \quad \hat{\boldsymbol{\varepsilon}} = \mathbf{MT}^T \boldsymbol{\varepsilon} \tag{7.21}$$

のようになる．

学習方程式は (7.21) を固有成分ごとに分離すると，

$$\dot{w}_i = \lambda_i \left(w_i^* - w_i \right) + \sqrt{\lambda_i} \hat{\varepsilon}_i, \tag{7.22}$$

従って解は，

$$w_i(t) = w_i^* + \left(w_i(0) - w_i^* + \frac{\hat{\varepsilon}_i}{\sqrt{\lambda_i}} \right) e^{-\lambda_i t} \tag{7.23}$$

と陽に求まる．これを見ると，$\boldsymbol{w}(t)$ は正解 $\boldsymbol{w}^*$ に収束する．その収束の速さは，$\mathbf{Z}^T \mathbf{Z}$ の非零の最小固有値 $\lambda_{\min}$ で決まる．

汎化誤差 L_{gen} は，学習の途中の時刻 t では

$$L_{\text{gen}}(t) = |\boldsymbol{\theta}(t) - \boldsymbol{\theta}^*|^2 = |\boldsymbol{w}(t) - \boldsymbol{w}^*|^2 \tag{7.24}$$

であり，$\hat{\varepsilon}_i$ は平均 0，分散 σ^2 のガウス雑音であるから，

$$L_{\text{gen}}(t) = A \sum_i e^{-2\lambda_i t} + \sigma^2 \sum_i \frac{1}{\lambda_i} \left(1 - e^{-\lambda_i t} \right)^2, \tag{7.25}$$

A は $\boldsymbol{\theta}$ の初期値に依存する定数で，

$$A = |\boldsymbol{\theta}(0) - \boldsymbol{\theta}^*|^2 . \tag{7.26}$$

(7.25) の第 1 項は t と共に単調に減少する．しかし第 2 項は単調に増大する．これを見ると，$L_{\mathrm{gen}}(t)$ を最小にする t_0 があって，ここで学習を止めれば，汎化誤差が最小になる．**早期停止**（**アーリーストッピング**）で，このような現象は昔から知られていた[4]．ただし，どこで止めたら良いのか，t_0 がわからず，**クロスバリデーション**に頼るほかない．他方，損失 L に $\lambda|\boldsymbol{\theta}|^2$ を加える正則化法も汎化誤差を減らすことがわかっているが，これも λ をどの大きさにするか，やはりクロスバリデーションに頼ることになる．

面倒な早期停止や正則化はなしにして，最終的に汎化誤差がどこに落ち着くかを見よう．(7.25) より，$t \to \infty$ とすれば

$$L_{\mathrm{gen}} = \sigma^2 \sum_i \frac{1}{\lambda_i} \tag{7.27}$$

であるから，これは経験 Fisher 情報行列 $\hat{\mathbf{F}} = \mathbf{Z}^T\mathbf{Z}$ の非零の固有値 λ_i による．これは 0 固有値を除いて神経接核 $\mathbf{K} = \mathbf{Z}\mathbf{Z}^T$ の固有値と等しかった．特に最小固有値 $\lambda_{\min}$ が汎化の劣化に大きく寄与する．

今の線形回帰の場合，$\mathbf{Z}$ の成分はすべて平均 0，分散 1 のガウス分布に従った．この場合には $\mathbf{K}$ は Wishart 分布に従うことが知られており，特にその固有値 λ の分布は p, n が十分に大きいとして，Marchenko–Pastur 分布に従うことがわかっている．λ の分布は，$p, n \to \infty$ として λ を連続化して

$$p(\lambda) = \frac{1}{2\pi} \frac{\sqrt{(\lambda_+ - \lambda)(\lambda - \lambda_-)}}{\lambda} + \left(1 - \frac{n}{p}\right)^+ \delta(\lambda), \tag{7.28}$$

$$\lambda_\pm = \left(\sqrt{\frac{n}{p}} \pm 1\right)^2, \tag{7.29}$$

となる．ここで $\delta(\lambda)$ はデルタ関数．この導出には自由確率論などを用いるので，とても私の手に負えない．簡単な解析は文献 5) を見よ．これを用いれば

$$L_{\mathrm{gen}} = \sigma^2 \int \frac{p(\lambda)}{\lambda} d\lambda \tag{7.30}$$

と書ける．

$n > p$ なら，$p(\lambda)$ は第 1 項のみであり，λ_- から λ_+ の間に分布する．しかし p が大きくなり，n に近づくにつれ $\lambda_{\min} \to 0$ となり，汎化誤差が増大してしまう．これは従来からわかっていた．一方，$p > n$ ならば $\mathbf{F}$ は縮退するので 0 固有値が $1 - (n/p)$ の割合で（すなわち $p - n$ 個）現れ，これが $\delta(\lambda)$ の項である．この部分は (7.27) の $1/\lambda_i$ には寄与しないが，その影響は $\mathbf{Z}$ の零部分空間 N の影響となって現れる．これは次節で述べる．

$p > n$ で p を増やしていけば，最小固有値

$$\lambda_{\min} = \left(1 - \sqrt{\frac{n}{p}}\right)^2 = \left(1 - \sqrt{\frac{1}{\gamma}}\right)^2 \tag{7.31}$$

は p と共に増大する．これは p を大きくすれば汎化誤差が減る現象の根拠を与

える．

最後に $r^2 = |\boldsymbol{\theta}^*|^2$ として，L_{gen} をまとめておく．ただし $\gamma = \frac{p}{n}$ だから，これを n, p の関数として書くこともできる．p を増やすことは γ を増やすことである．

定理 7.1

$$L_{\text{gen}} = \begin{cases} (r^2+\sigma^2)\dfrac{\gamma}{1-\gamma}, & \gamma < 1 : p < n \\ r^2\left(1-\dfrac{1}{\gamma}\right) + \left(r^2+\sigma^2\right)\dfrac{\gamma}{\gamma-1}, & \gamma > 1 : p > n. \end{cases} \tag{7.32}$$

ここで，次のことに注意しておく．このモデルでは，$\boldsymbol{\theta}^*$ は半径 r の球面上にあり，その各成分の大きさは一様であることを仮定した．しかし，現実のモデルでは，θ_i の大きい順にモデルに取り込む，**予見性**があることが多い．すなわち効果の大きそうなものを第 1 成分 θ_1 として最初のモデル M_1 に含める．M_2 は次に効果のありそうなものを選ぶ．これが本当ならば，$\boldsymbol{\theta}^*$ が等方的に分布しているわけではなく，初めの成分ほど効果が高い．深層学習の場合には，どのパラメータがどう効いてくるのか，まったく予見を許さないから，等方的であるとする過程は容認できるであろう．バイアス項は，当然ではあるが p とともに減少する．通常のモデル選択の議論では，予見性のある選択をする．

図 7.3 に汎化誤差曲線を示す．これを見ると，$p < n$ の領域では，訓練誤差が単調に減少するのは当然として，汎化誤差は U 字型ではなくて常に増大するように見える．しかし，これは p も n も共に非常に大きいとしたときの漸近論であって，p が大きくない古典論の範囲は $\gamma \approx 0$ の領域になってしまうから，そこでの減少（U 字曲線，図 7.1）はここからは見えない．

また，古典モデルでは，パラメータの選び方が予見的であって，もっともらしいパラメータからモデルに取り入れていくから，汎化誤差は初めの内は大きく減る．文献 1) では，予見的なモデルとして，たとえば $\boldsymbol{\theta}$ の成分の大きさが

$$\theta_i = \frac{1}{i^2}, \quad i = 1, 2, \cdots \tag{7.33}$$

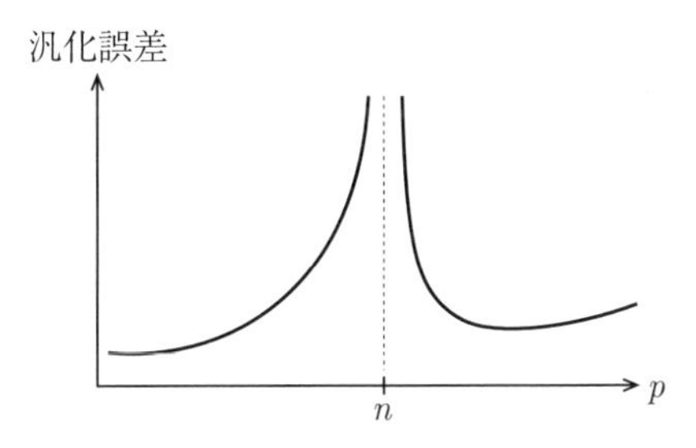

図 7.3　線形回帰の汎化誤差．

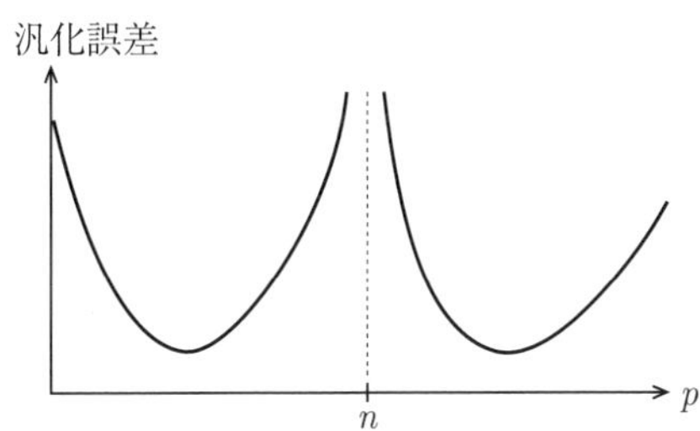

図 7.4　予見性のある選択の汎化誤差．

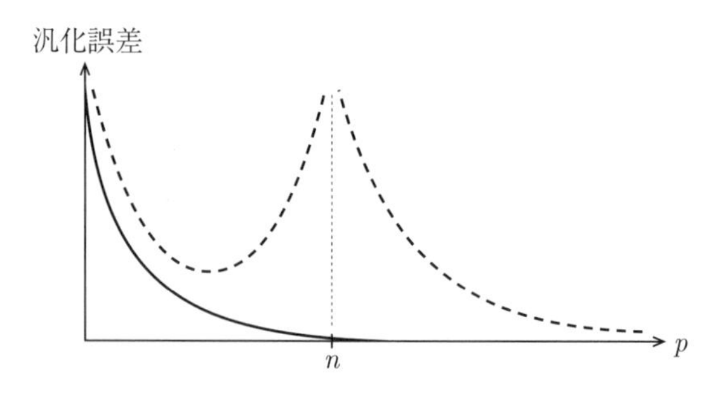

図 7.5 2 層神経回路の汎化誤差曲線の例.

のように，初めのほうほど大きいようになっていれば，同様の計算によって汎化誤差曲線が計算できる．答えは図 7.4 のようになることを示している．

ここでは単純な線形回帰モデルを用いて，汎化誤差曲線を $p > n$ の領域にまで拡張できることを示した．深層回路の場合は神経接核理論によって線形化が合理化されるが，行列 $\mathbf{Z}$ の成分は相関があるから，Marchenko–Pastur 則はそのままでは使えない．しかしその固有値の分布が計算され[6)]，定性的には同様なことが言えるだろうと考えられている．

さらに，汎化誤差曲線の 2 重降下がわかり，n より大きい p を用いることの正当化の根拠となる．深層学習ではシミュレーションで p を大きくしたほうが汎化能力が上がるという主張がある．図 7.5 の例を見よ．実用の領域では，巨大な p を用いて成果を挙げている．これについてはさらなる理論研究が待たれている．

7.4 汎化誤差の分解

学習の解 $\hat{\boldsymbol{\theta}}$ において，その汎化誤差を推定のバイアスによる項と分散による項に分解する．最適解 $\hat{\boldsymbol{\theta}}$ は次の線形方程式

$$\boldsymbol{y}^T\mathbf{Z} = \mathbf{Z}\mathbf{Z}^T\boldsymbol{\theta} \tag{7.34}$$

を満たした．方程式 (7.34) のノルム最小解は $\mathbf{F}$ の一般逆行列 $\mathbf{F}^\dagger$ を用いて

$$\hat{\boldsymbol{\theta}} = \mathbf{F}^\dagger\mathbf{Z}^T\boldsymbol{y} = \mathbf{Z}^T\mathbf{K}^{-1}\boldsymbol{y} \tag{7.35}$$

である．ただし，$\mathbf{K} = (K_{st})$ は

$$\mathbf{K} = \mathbf{Z}\mathbf{Z}^T \tag{7.36}$$

で，$n \times n$ カーネル行列であった．これは $n > p$ ならば確率 1 で非特異である．

$p > n$ の場合は，$\mathbf{F}$ は特異で $\mathbf{Z}$ に零部分空間 N

$$N = \{\boldsymbol{n} | \mathbf{Z}\boldsymbol{n} = 0\} \tag{7.37}$$

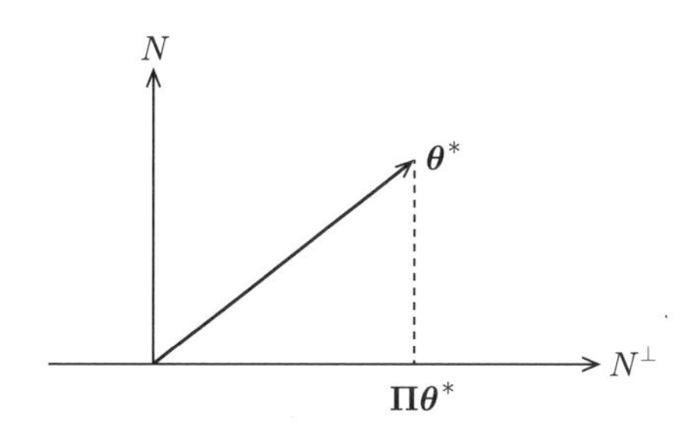

図 7.6　真のパラメータの直交分解.

が存在し，その次元は $p-n$ である．このとき，真の解となるベクトル $\boldsymbol{\theta}^*$ を，N 方向の成分とそれに直交する成分に分解することができる．図 7.6 を見よ．$\mathbf{\Pi}$ を N に直交する方向への射影とすれば，$\boldsymbol{\theta}^*$ は

$$\boldsymbol{\theta}^* = \mathbf{\Pi}\boldsymbol{\theta}^* + (\mathbf{I} - \mathbf{\Pi})\,\boldsymbol{\theta}^* \tag{7.38}$$

と直交分解される．$\mathbf{I}$ は単位行列である．射影行列は

$$\mathbf{\Pi} = \mathbf{F}^\dagger \mathbf{F}, \tag{7.39}$$

これを用いれば，ノルム最小最適解 $\hat{\boldsymbol{\theta}}$ は

$$\hat{\boldsymbol{\theta}} = \mathbf{\Pi}\boldsymbol{\theta}^* + \mathbf{KZ}\boldsymbol{\varepsilon} \tag{7.40}$$

のように分解できる．第 1 項は推定量のバイアス，第 2 項が誤差によるバラつきに由来し，推定した $\hat{\boldsymbol{\theta}}$ の分散を与える．

新しい $\boldsymbol{z}$ に関して真の答えとモデルの出す答えの差は，

$$\left(\hat{\boldsymbol{\theta}} - \boldsymbol{\theta}^*\right)\boldsymbol{z}, \tag{7.41}$$

その二乗の期待値が汎化誤差であり，入力 $\boldsymbol{Z}$ は $\mathrm{E}\left[\left|\boldsymbol{Z}^2\right|\right] = 1$ であるから，

$$L_{\mathrm{gen}} = \mathrm{E}\left[\left|\hat{\boldsymbol{\theta}} - \boldsymbol{\theta}^*\right|^2\right] \tag{7.42}$$

が汎化誤差である．上式の期待値は，推定値 $\hat{\boldsymbol{\theta}}$ のバイアス $\mathrm{E}\left[\hat{\boldsymbol{\theta}} - \boldsymbol{\theta}^*\right]$ の二乗と $\hat{\boldsymbol{\theta}}$ の分散による項の和に分解できる．すなわち

$$L_{\mathrm{gen}} = \left|\mathbf{\Pi}\boldsymbol{\theta}^* - \mathrm{E}\left[\hat{\boldsymbol{\theta}}\right]\right|^2 + \mathrm{tr}\,\mathrm{Cov}\,\hat{\boldsymbol{\theta}} \tag{7.43}$$

のように分解できる．

バイアス項の評価から始めよう．$n > p$ の場合は，$\mathbf{\Pi}$ は恒等写像であるから，

$$\mathbf{\Pi}\boldsymbol{\theta}^* = \mathrm{E}\left[\hat{\boldsymbol{\theta}}\right], \tag{7.44}$$

つまりバイアス項は 0 である．これはもちろん真のモデルが M_p に含まれるとしたためである．だから誤差は分散の項だけからなる．

一方，$p > n$ の場合は，ノルム最小解は $\mathbf{Z}$ の零部分空間の成分を含まない．つまり，真の $\boldsymbol{\theta}^*$ を零部分空間に射影した部分だけは $\hat{\boldsymbol{\theta}}$ に含まれず 0 となるため，バイアスが生ずる．ここで，$|\boldsymbol{\theta}^*|^2 = r^2$ とし，真の $\boldsymbol{\theta}^*$ の成分はどれも同じような大きさで独立に分布している，つまり $\boldsymbol{\theta}^*$ は半径 r の球面上に一様に分布しているものとしよう．すると，$\hat{\boldsymbol{\theta}}$ が取り込むことができなかったバイアス項は

$$\mathrm{E}\left[\left|\hat{\boldsymbol{\theta}} - \boldsymbol{\theta}^*\right|^2\right] = r^2\left(1 - \frac{1}{\gamma}\right) \tag{7.45}$$

である．ただし，

$$\gamma = \frac{p}{n} \tag{7.46}$$

と置いた．したがって，バイアス項による誤差は，p と共に増大する．

次に分散による項は (7.40) より，

$$\mathrm{tr}\ \mathrm{Cov}\left(\mathbf{Z}\mathbf{Z}^T\right)^{\dagger}\mathbf{Z}\mathbf{Z}^T\left(\mathbf{Z}\mathbf{Z}^T\right)^{\dagger} = \mathrm{tr}\frac{\sigma^2}{n}\left(\mathbf{Z}\mathbf{Z}^T\right)^{\dagger} \tag{7.47}$$

のように計算できる．これには $\mathbf{F}$ の非零固有値を評価すればよい．$p < n$ の場合は

$$\mathrm{Cov}\left(\hat{\boldsymbol{\theta}}\right) = \frac{\sigma^2\gamma}{1-\gamma} \tag{7.48}$$

と書ける．

$p > n$ 場合は，

$$\mathrm{tr}\ \mathrm{Cov}\left(\hat{\boldsymbol{\theta}}\right) = \frac{\sigma^2}{\gamma - 1} \tag{7.49}$$

を与える．

7.5 汎化誤差曲線：真のパラメータがどのモデルにも含まれない場合

真のモデルは M_p には含まれておらず，より大きな次元 P のモデルに含まれていて，$\boldsymbol{\theta}^* = \left(\hat{\boldsymbol{\theta}}, \tilde{\boldsymbol{\theta}}\right)$ と分解して

$$y = \boldsymbol{z}\cdot\hat{\boldsymbol{\theta}} + \tilde{\boldsymbol{z}}\cdot\tilde{\boldsymbol{\theta}} + \varepsilon \tag{7.50}$$

であるとしよう．この場合，$\tilde{\boldsymbol{z}}$ の部分はモデル M_p に含まれず，観測されない独立な確率変数なので，これをまとめて新しい誤差項

$$\varepsilon' = \varepsilon + \tilde{\boldsymbol{z}}\cdot\tilde{\boldsymbol{\theta}} \tag{7.51}$$

とすれば，これは平均 0，分散 $\sigma^2 + \left|\tilde{\boldsymbol{\theta}}\right|^2$ の独立な誤差としてよい．いま，全

体のパラメータベクトル $\boldsymbol{\theta}^*$ の大きさを $r^2 = |\boldsymbol{\theta}^*|^2$ とし，このうち観測できない部分に含まれる $\tilde{\boldsymbol{\theta}}$ の大きさの比率を

$$\kappa = \frac{|\tilde{\boldsymbol{\theta}}|}{r^2} \tag{7.52}$$

としよう．すると，誤差の分散は

$$\sigma^2 + r^2(1-\kappa) \tag{7.53}$$

となる．観測できないので捨てられる $\tilde{\boldsymbol{\theta}}$ に由来するバイアス項も生じ，これは

$$r^2(1-\kappa) \tag{7.54}$$

であって，$p < n$ でも 0 ではない．だから，$P > p$ の場合の汎化誤差は r^2 を $r^2\kappa$ に，σ^2 を $\sigma^2 + r^2(1-\kappa)$ に置き換えればよい．

これを次の定理の形でまとめておこう．

定理 7.2 汎化誤差 L_{gen} は

$$L_{\text{gen}} = \begin{cases} r^2(1-\kappa) + \sigma^2 \dfrac{\gamma}{1-\gamma}, & \gamma < 1 \\ r^2\left(1 - \dfrac{1}{\gamma}\right) + \dfrac{r^2(1-\kappa)+\sigma^2}{\gamma - 1}, & \gamma > 1 \end{cases} \tag{7.55}$$

$$= \begin{cases} r^2(1-\kappa) + \sigma^2 \dfrac{p}{n-p}, & n > p \\ r^2 \dfrac{p-n}{p} + \left\{r^2(1-\kappa)+\sigma^2\right\} \dfrac{p}{p-n}, & p > n. \end{cases} \tag{7.56}$$

終わりの一言

深層学習に使う超大規模な神経回路は何故うまく働くのか，これは未だに解明されているとは言い難い．ただ，実際にやってみてうまくいくという多くの例がある．近年，パラメータ数が例題数より大きい領域での汎化誤差の理論的な解析が進んできて，ある程度の仕組みが理論的にわかってきた．

いくつかの論文が出ているが，主として文献 1) に依拠して解説した．この論文がわかり易く，しかも多くの優れた考察を含んでいるからである．この論文は学習の結果だけでなく，学習過程のダイナミクスも追う．その結果，単純なモデルを用いていくつかの事実を明らかにした．第 1 に早期学習停止である．これが過学習を防ぐ上でなぜか効果的であることが明らかになった．第 2 に学習にパラメータの減衰項を加える規格化が有効であることも示した．この両者は大変良いのであるが，どこで学習を停止するのかその時期が問題である．また規格化はその係数をどう選んだら良いかが問題として残る．やってみてうまいところを選ぶという，アドホックではない選び方を見出すことは難しい．第

3 に，初期値の効果である．これは小さく選ぶのが良い．何故かといえば，パラメータ数 P が例題数 n より大きい領域では，学習の零方向 N が生じ，この方向の成分は変わらないから初期値の大きい値がそのまま残る．これは汎化に大きな障害となる．

単純なモデルの解析から離れて，論文 1) はいろいろなモデルでシミュレーションを行い，巨大な回路網は，たとえ早期停止をしなくても，優れた汎化誤差を達成できることを示している．その理由として，深層回路ではカーネルとなる行列の最小固有値が，上がるからではないかと示唆している．これは福音ではある．しかし，その効果はそれほど素晴らしいものとは言えないのが残念である．

二重降下は p を n より大きくしても，うまくいくことを示した．でもどこまでうまくいくのだろう．現実の成功した深層学習はうまくいきすぎているようにも思える．零方向 N の成分をうまく選んで，汎化誤差を減らすうまい仕掛けが隠されているのか，それともいろいろやってうまくいったものを選んだだけなのだろうか．まだ，理論で解明すべきことが多く残されていると思う．

いずれにせよ，この方向の研究が今後進むであろう．楽しみである．

参考文献

1) M.S. Advani, A.M. Saxe and H. Sompolinsky, High-dimensional dynamics of generalization error in neural networks. *Neural Networks*, **132**, 428–446, 2020.
2) M. Belkin, D. Hsu and J. Xu, Two models of double descent for weak features. arXiv:1903.07571v1, 2019.
3) T. Hastie, A. Montanari, S. Rosset and R.J. Tibshirani, Surprises in high-dimensional ridgeless least squares interpolation. arXiv:1903.08560v4, 2019.
4) S. Amari, N. Murata, K.R. Muller, M. Finke and H. Yang, Asymptotic statistical theory of overtraining and cross-validation. *IEEE Transactions on Neural Networks*, **8**, 985–996, 1997.
5) 渡辺澄夫, 永尾太郎, 樺島祥介, 田中利幸, 中島伸一共著, ランダム行列の数理と科学, 森北出版, 2014.
6) Z. Fan and Z. Wang, Spectra of the conjugate kernel and neural tangent kernel for linear-width neural networks. arXiv:2005.11879v2, 2020.

第 8 章

巨視的変数の力学，神経場の力学

これまでに，ミクロなランダム結合の回路網において，個々のニューロンの動作から，それを総合したマクロな変数が生ずることを見た．深層学習とは直接に関係しないが，ここではランダムに結合した再帰的な結合を持つ回路網の**巨視的変数のダイナミクス**を見ておこう．**神経集団のダイナミクス**といってもよい．多種類のニューロンがある場合に，それぞれが集団をなし巨視変数を持つ．ここから多彩なダイナミクスが生ずることを見る．また，ニューロンを空間的に並べて場を作った時には，**場の興奮ダイナミクス**が生ずる．ここにはパターン形成にかかわる多様なダイナミクスがある．

本章は脇道であるから，飛ばしてもかまわない．詳細は文献 1) に詳しい．

8.1 ランダム結合の回路：双安定性

まず，1 種類の多数のニューロンどうしがランダムに結合している再帰的な回路を考えよう．連続時間 t を用い，アナログニューロンを扱う．個々のニューロンが受ける刺激から閾値を引いたものを

$$u = \sum w_i x_i + w_0 \tag{8.1}$$

としよう．w_0 は外部から直接入る刺激 s から閾値 h を引いたものである．このニューロンの発火率は

$$x = f(u) \tag{8.2}$$

のように，u の非線形関数で，f は単調増加のシグモイド関数である．

ランダム結合の回路の動作は

$$\frac{d}{dt}u_i = -u_i + \sum w_{ij} x_j(t) + s_i, \tag{8.3}$$

$$x_i(t) = f\{u_i(t)\} \tag{8.4}$$

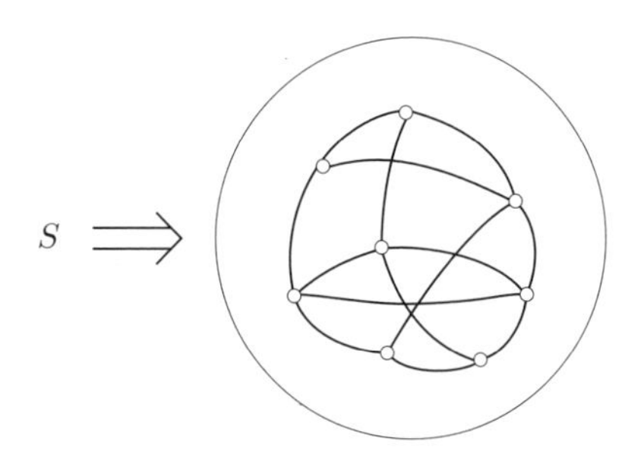

図 8.1　神経集団の力学：巨視変数は U と X.

のように書ける．ただし s_i は i 番目のニューロンに入る外部刺激から h を引いたものとする．また，w_{ij} はランダムに定まるニューロン間の結合の強さである．

ランダム結合の集団を考えているから，巨視的な変数として

$$U = \frac{1}{n}\sum u_i, \tag{8.5}$$

$$X = \frac{1}{n}\sum x_i \tag{8.6}$$

の二つを考える（図 8.1）．するとランダム結合の回路では，

$$U = WX + S \tag{8.7}$$

のような関係が成立するとしよう．ただし W は微視的なランダム結合 w_{ij} の統計量に関係した巨視的な変数で，おおざっぱに言って微視的な結合の平均的な強さのようなものである．また，S は外部からニューロン集団に入る個々の外部入力から閾値を差し引いたものの巨視的な量である．また，おおざっぱに言って，シグモイド状の単調増加非線形関数を用いて，出力 X は

$$X = F(U) \tag{8.8}$$

と書けるものとしよう．厳密にいえば，アナログニューロンの場合には，巨視的状態変数としてさらに

$$X^{(2)} = \frac{1}{n}\sum x_i^2 \tag{8.9}$$

のような量が必要である．しかしその効果は小さく，多くの文献ではこの項を無視して巨視的ダイナミクスの議論を進めている．本章でもその立場を取る．

巨視的な変数のダイナミクス

$$\frac{d}{dt}U = -U + WF(U) + S \tag{8.10}$$

を論じよう[2]．減衰の時定数 τ を 1 にするような時間のスケールを取った．ダイナミクスの平衡状態は $(d/dt)U = 0$ とおいた方程式

$$U - S = F(U) \tag{8.11}$$

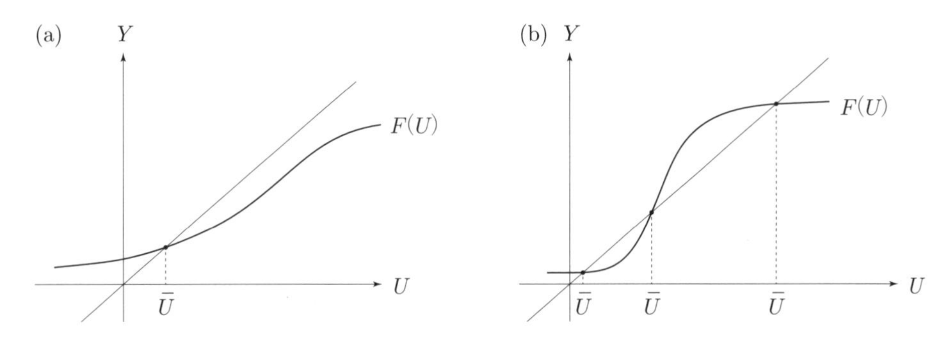

図 8.2　(a) 単安定，(b) 双安定．

の解 $\bar{U}$ である．この解は Y-S 平面で描いた曲線

$$Y = F(U) \tag{8.12}$$

と直線

$$Y = U - S \tag{8.13}$$

の交点である．簡単のため $S = 0$ として二つの線を図示したのが図 8.2 である．

ここから分かることは，$W < 0$ なら二つの線は 1 点で交わる．W が正の時は曲線 (8.12) は単調増大であり，W が小さければやはり 1 点で交わる（図 8.2a）．しかし W が大きくなると，あるところで二つの線が接し，そこから先では 3 点で交わるようになる（図 8.2b）．交点を，W と S の関数として

$$\bar{U} = \bar{U}(W, S) \tag{8.14}$$

と書こう．W が小さく交点が一つの場合は，U は時間が経つにつれただ一つの平衡点 $\bar{U}$ に近づく．これが回路の安定平衡点であり，回路は**単安定**であるという．

では，図 8.2b のように平衡状態が三つある場合はどうなるであろう．S の値が小さくて，または大きくて平衡状態が一つしかないような場合は回路は単安定である．S の値が中間で，$\bar{U}$ が三値を取る場合，大きい方の $\bar{U}$ と小さい方の $\bar{U}$ の双方が安定平衡点であり，中央の $\bar{U}$ は不安定である．大きい方が**励起状態**，小さい方が**静止状態**であり，回路は**双安定**であるという．回路がどちらの安定平衡状態に落ち着くかは初期値による．

今，初期状態で大きな S が入ったとしよう．すると回路は励起状態になる．ここで S を少しずつ減らして元の中間の値まで下げよう．それでも回路は励起状態のままである．しかし S をもっと下げて単安定状態領域にまで落としてしまえば，励起状態から落ち込んで静止状態になる．ここで再び S をもとの中間の値に戻しても，静止状態のままである．この時**ヒステレシス**が生じる．

双安定回路では，大きい刺激が来たときに高い興奮状態 $\bar{U}$ を保持してこれを記憶できる．これは刺激が消えても残るが，リセット入力が来たら（場合のよって疲労効果によって）ついには消失する．これは**作業記憶**のもととして使える．

8.2 興奮性ニューロンと抑制性ニューロンからなる集団，さらに多数の集団のダイナミクス

これまで**興奮性ニューロン**と**抑制性ニューロン**を区別せず，一つのニューロンは正負どちらの結合をしてもよいとしてきた．現実のニューロンは興奮性と抑制性に分かれ，興奮性のニューロンが他のニューロンに信号を送るときはその結合は常に正（非負），抑制性ニューロンは常に負（非正）である．二つの集団は性質が違うから，それぞれが巨視的な変数を持ってよい．そこで，興奮性集団の活動度と刺激の線形和をそれぞれ X_E, U_E，抑制性集団のそれらを X_I, U_I と書く（図 8.3）．巨視的な状態方程式は

$$\tau_E \frac{d}{dt} U_E = -U_E + W_{EE} F\left(U_E\right) - W_{EI} F\left(U_I\right) + S_E \tag{8.15}$$

$$\tau_I \frac{d}{dt} U_I = -U_I + W_{IE} F\left(U_E\right) - W_{II} F\left(U_I\right) + S_I \tag{8.16}$$

である．U_E, U_I は興奮性ニューロン集団および抑制性ニューロン集団の膜電位，S_E および S_I はそれぞれ興奮性および抑制性集団への外部入力，W_{EE} は興奮性ニューロンどうしの結合の強さの巨視変数，W_{IE} は興奮性ニューロンから抑制性ニューロンへの，W_{II} は抑制性ニューロンどうしの，W_{EI} は抑制性ニューロンから興奮性ニューロンへの結合の強さを表す巨視量である．また，ダイナミクスの時定数は集団ごとに異なってよいとし，τ_E, τ_I と置いた．

この回路系では，いろいろな現象が生ずる．平衡状態 $\left(\bar{U}_E, \bar{U}_I\right)$ は (8.15), (8.16) 式の右辺を 0 と置いて得られ，S_E および S_I の関数である．平衡状態には安定なものと不安定なものがある．安定平衡状態が 1 個のときも，多数あるときもある．だから，単安定の回路になる場合も**多安定回路**の場合もある．また平衡状態が 1 個の場合で，これが不安定平衡点であれば安定状態の解はない．

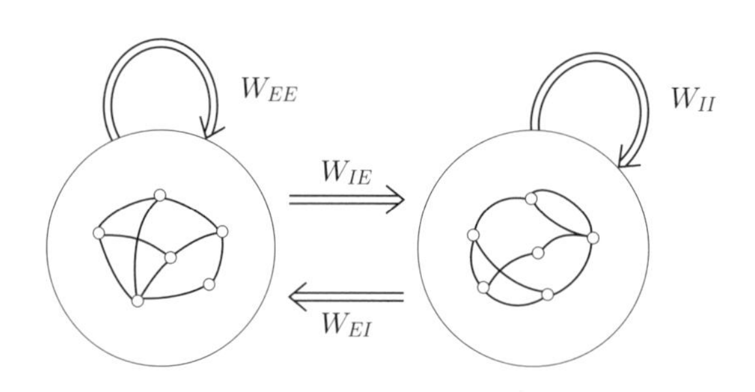

図 8.3　興奮性および抑制性の神経集団．

この場合は振動解が生ずる．これはもっとも簡単な**ニューロオッシレータ**である．これは私が初めて提唱したものだが[2]，その後は **Wilson–Cowan** の**オッシレータ**と呼ばれ[3]，日本でもその名で通っている．しかし，Wilson–Cowan の原論文[3]を見ればわかるように，彼らは不応期の効果を考えに入れるとして，F として単調増加でなくて，U が大きくなると 0 に戻ってしまう非単調の出力関数を用いている．これでも振動は起こるし，性質はそれほど変わらない．しかし，いま Wilson–Cown の発振器と呼ばれているものは私の提唱した方程式で，Cowan らもすぐに私と同じものに切り替えて使っている．でも，これが Wilson–Cowan のオッシレータとして定着してしまった．Hopfield の回路と同じで，よくあることだから仕方がない．もっとも，本当の脳での振動はもっと複雑な機構で起こっているらしいし，サーカディアンリズムなどの長周期振動は，遺伝子活性化のダイナミクスによる．

神経集団の数を 2 個としてきたが，もっと多数であってよい．多数の性質の異なったニューロン集団があるときのダイナミクス

$$\tau_i \frac{d}{dt} U_i = -U_i + \sum_j W_{ij} F(U_j) + S_i \tag{8.17}$$

を議論することができる．時定数は集団ごとに違っていてよいので，τ_i を用いた．この時は，単安定，多安定に加えてカオス解が出現する．こうなると複雑なダイナミクスが出現するが，これ以上触れない．

8.3 神経場のダイナミクス

簡単のため，1 次元の場（線分状）があって，この上にニューロンが連続して密集しているとする．場の座標を z としよう．場所 z の近辺にあるニューロン集団の電位を $U(z)$，活動度を $X(z)$ とする．また，z' にある神経集団から，z にある神経集団への結合の強さを $W(z, z')$ とする（図 8.4）．すると**神経場**の興奮ダイナミクス

$$\frac{\partial}{\partial t} U(z,t) = -U(z,t) + \int W(z,z') F[U(z,t)] dz' + S(z) \tag{8.18}$$

が得られる．このような場は Wilson と Cowan がはじめに考えた[4]．神経場のダイナミクスを理論的に解析したのが私の論文[5]である．

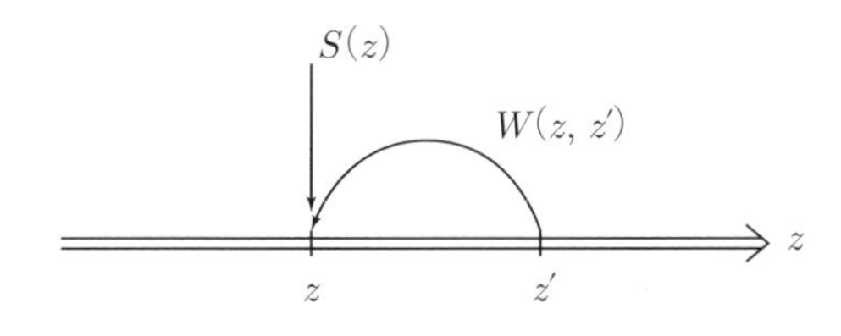

図 8.4　1 次元神経場．

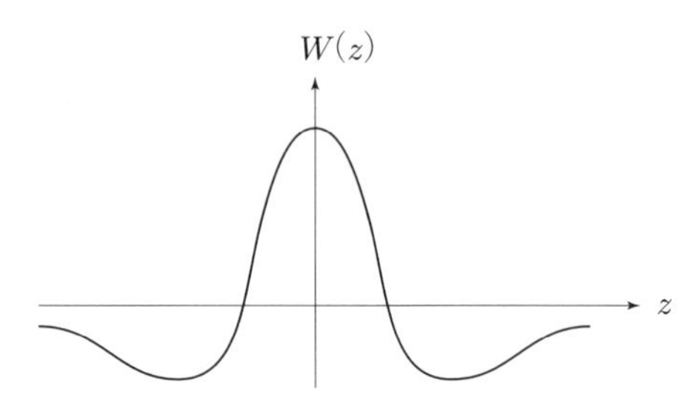

図 8.5　相互抑制型の対称結合.

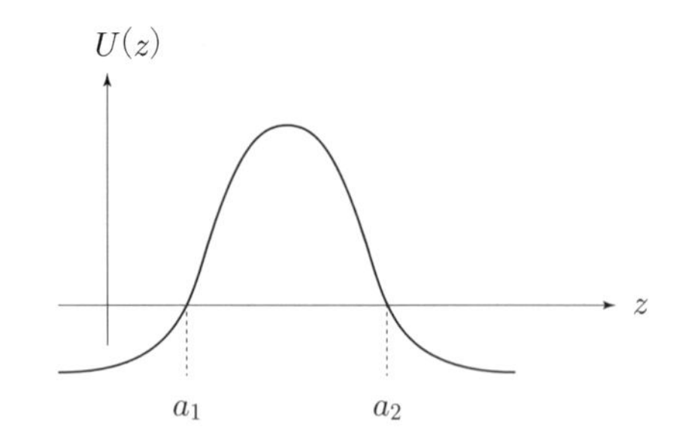

図 8.6　局在興奮.

簡単のため，場は一様で結合関数 $W(z, z')$ は 2 点間の距離 $|z - z'|$ のみに依存する関数とする．さらに，$W(z - z')$ は相互抑制型の結合，つまり図 8.5 に示すように，z と z' とが近いところで正，離れたところでは負の値を取るとする．遠く離れれば結合の値は 0 でもよい．(8.18) は非線形の偏微積分方程式であって，解くことは難しい．しかし，神経場でどんなダイナミクスが生ずるかを知りたい．そこでいくつかの簡単化を行い，トリックを使って方程式を解いてみよう．

まず，関数 F としてヘヴィサイド関数，つまり

$$F(U) = 1(U) = \begin{cases} 1, & U > 0, \\ 0, & U \leq 0 \end{cases} \tag{8.19}$$

を用いる．これは，ニューロン集団の出力を 0, 1 の 2 値に限り，場を興奮している領域（$X(z) >$ となる z の集合）と静止状態の領域とに二分する．すると，**興奮領域**がどう変化していくか，その変化をダイナミクスで論ずることになる．

今，**局在興奮**，つまり $z = a_1$ から $z = a_2$ の区間にある $z \in [a_1, a_2]$ のニューロン集団のみが興奮していたとしよう（図 8.6）．このような興奮が時刻 t にあったとする．この時

$$U(a_i, t) = 0, \quad i = 1, 2 \tag{8.20}$$

である．a_i は興奮領域の境界である．時間がたって $t + \Delta t$ になると，興奮領

域は $[a_1 + \Delta a_1, a_2 + \Delta a_2]$ に変化するだろう．だから

$$U(a_i + \Delta a_i, t + dt) = 0. \tag{8.21}$$

これをテイラー展開すれば，$\partial_z = \partial/\partial_z, \partial_t = \partial/\partial_t$ として

$$\partial_z U \Delta a_i + \partial_t U dt = 0, \tag{8.22}$$

これより，境界点を支配する方程式

$$\frac{\Delta a_i}{dt} = -\frac{\partial_t U(a_i, t)}{\partial_z U(a_i, t)}, \quad i = 1, 2 \tag{8.23}$$

が得られる．ここで波形 $U(z, t)$ の興奮の境界での勾配を

$$\alpha = \partial_z U(a_1, t), \quad \beta = -\partial_z U(a_2, t) \tag{8.24}$$

とおき，$\alpha, \beta > 0$ とする．また (8.18) より

$$\partial_t U(a_i, t) = \int_{a1}^{a2} W(a_i, z')\, dz' + S \tag{8.25}$$

である．そこで $W(Z)$ を積分した

$$\tilde{W}(z) = \int_0^z W(z')\, dz' \tag{8.26}$$

という関数を導入すれば，

$$\partial_t U(a_1, t) = -\frac{1}{\alpha}\tilde{W}(a_2 - a_1) + S, \tag{8.27}$$

$$\partial_t U(a_2, t) = \frac{1}{\beta}\tilde{W}(a_2 - a_1) + S. \tag{8.28}$$

これより境界点の変化を支配する方程式は，興奮領域の幅（大きさ）

$$a(t) = a_2(t) - a_1(t) \tag{8.29}$$

に注目すれば，次のようになる．

$$\frac{da(t)}{dt} = \left(\frac{1}{\alpha} + \frac{1}{\beta}\right)\left(\tilde{W}(a) + S\right). \tag{8.30}$$

結合関数の積分 $\tilde{W}(a)$ は図 8.7 のような形をしている．平衡状態での幅 $\bar{a}$ は

$$\tilde{W}(a) = -S \tag{8.31}$$

より得られる．図 8.5 で，$\tilde{W}(a)$ の右上がりの曲線部分と交わる平衡状態 $\bar{a}$ は不安定，右下りの部分で交わるものが安定である．だから図 8.5 では，安定な平衡状態は 0 解，すなわち興奮領域がない解と，一定幅の興奮 $\bar{a}$ がどこかで起こる局所興奮解がある．これはどこで起こってもよい．つまり解は中立安定で，安定状態が場所に寄らずに 1 次元の場のどこかに起こる．このような解は後に**ラインアトラクター**と呼ばれることになった．また，場の結合が遠く離れ

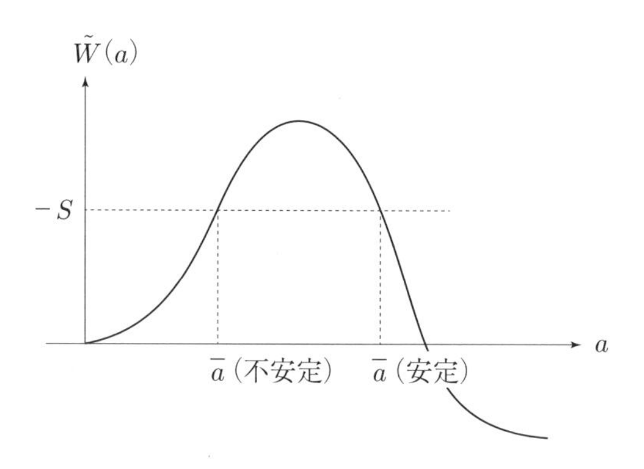

図 8.7　局在興奮の安定性.

たところで 0 になれば，このような局在興奮が離れた場所でいくつも起こってよい.

外部入力 $S(z)$ が一様でなくて場所 z に依存していれば，$S(a_2) > S(a_1)$ ならば興奮領域は右側に進行し，$S(z)$ の最大値（極大値）のあるところまで移動する．従って神経場は最大値のある場所を検出できる．このモデルは刺激の入った場所を短期間保持する**作業記憶**のモデルとしていろいろに考察されている.

少し拡張して，興奮性のニューロンの場と，抑制性のニューロンの場があって相互作用しているとしよう．この時場の方程式は

$$\tau_E \frac{d}{dt} U_E(z,t) = -U_E(z,t) + \int W_{EE}(z-z') F[U_E(z',t)]\,dz' - \int W_{EI}(z-z') F[U_I(z',t)]\,dz' + S_E, \quad (8.32)$$

$$\tau_I \frac{d}{dt} U_I(z,t) = -U_I(z,t) + \int W_{IE}(z-z') F[U_E(z',t)]\,dz' - \int W_{II}(z-z') F[U_I(z',t)]\,dz' + S_I \quad (8.33)$$

のようになる．ところが興奮性，抑制性の 2 集団系の力学で見たように，興奮と抑制の神経集団の両方が別々にあれば，静止安定解のほかに振動解などが生ずる．このため，この場は安定性局在興奮解のほかに，興奮波が一定速度で進行する，**進行波解**が存在する.

場を 2 次元に広げればさらに多彩な状況が出現する．局在興奮波のみならず，収縮拡大を繰り返す**局在呼吸波解**，**渦巻き状の進行波解**などが現れる．たとえば文献 5) を見よ.

素晴らしいパターン形成能力を示すものに**反応拡散方程式**がある．これは適当な非線形関数 f, g を用いて

$$\tau \dot{u}(\boldsymbol{z},t) = -u(\boldsymbol{z},t) + \Delta u(\boldsymbol{z},t) + f(\boldsymbol{u},\boldsymbol{v}), \quad (8.34)$$

$$\tau' \dot{v}(\boldsymbol{z},t) = -v(\boldsymbol{z},t) + \Delta v(\boldsymbol{z},t) + g(\boldsymbol{u},\boldsymbol{v}) \quad (8.35)$$

と書ける．ただし $\boldsymbol{z}$ は場の座標，Δ はラプラシアン．実は場の方程式は，反応拡散方程式を拡張したものにもなっている．神経場の方程式で，結合の波形 $W(\boldsymbol{z})$ を非常に幅の狭いガウス分布（σ は非常に小さい）

$$W(\boldsymbol{z}) = \frac{1}{2\pi\sigma} \exp\left\{-\frac{|\boldsymbol{z}|^2}{2\sigma^2}\right\} \tag{8.36}$$

にしてみよう．そして，F を線形とすれば

$$\int W(\boldsymbol{z} - \boldsymbol{z}')\, u(\boldsymbol{z}')\, dz' \approx \Delta u(\boldsymbol{z}) \tag{8.37}$$

のようになる．したがって，反応拡散系の拡散項 $\Delta u(\boldsymbol{z})$ は，狭い範囲の荷重和

$$\int W(\boldsymbol{z} - \boldsymbol{z}')\, u(\boldsymbol{z}')\, d\boldsymbol{z}' \tag{8.38}$$

で書ける．だから，反応拡散方程式は，神経場のような**遠距離作用**を含んだモデルで，場の 2 点間の結合を与える σ を小さくして，この項を拡散項としたものに他ならない．反応拡散方程式に見られる多様な現象は，神経場でも起こる．

終わりの一言

本章は，深層学習から見れば寄り道で，学習とは直接に関係ないといえる．むしろ数理脳科学の話題である．しかし，巨視変数のダイナミクスからどんなことがいえるのか，少しふれておくのも悪くはないと考えた．もちろん，この方向での理論は多方面に発展しており，ここでは当初の考えを示した歴史的なものに過ぎない．

私にとっては神経回路網の数理という，未踏の領域の開拓を始めた時期（1970年代）の仕事である．こうした回路はその後 Hopfield 回路と呼ばれ，いろいろな理論が展開されている．もっとも，何を指して Hopfield 回路というのかはよくわからない．また巨視的な量のダイナミクスとは別に，その中でミクロなダイナミクスも動いている．これらのダイナミクスで面白い点は，当時は私の及びもつかなかったカオス解であり，これがリザーバー計算機構などで威力を発揮している．

神経場の理論には思い出が深い．この理論が発表されても，10 年以上全く無視されてきた．引用が全くない．ところがドイツの認知科学の研究者 M.A. Giese[6]がこれを発見し，甘利の理論として引用し，使ってくれた．これが応用数学者に飛び火し，アメリカでいろいろと研究が進み，分野が大きく発展した[7]．国際会議も開かれ，一つの分野として定着している．もちろん神経場の考案者は Wilson と Cowan であるが，解が陽に解ける形で定式化し，その性質を明らかにしたのが私の仕事である．これはヘヴィサイド関数を用いて，偏微積分方程式を常微分方程式の形に導いて，波形形成と安定論を確立したこと

である．S. Seung が述懐したが，「甘利の時代はよかった，何をやっても新しく，易しいところで良い仕事ができた．今は大勢が取り掛かっていて，新しいモデルと理論を確立するのは容易ではない．」正にその通りであり，私は幸運であった．

参考文献

1) 甘利俊一, 神経回路網の数理, 産業図書, 1978.
2) S. Amari, Characteristics of random nets of analog neuron-like elements. *IEEE Trans.*, MCC-**2**, 643–657, 1972.
3) H.R. Wilsan and J. Cowan, Excitatory and inhibitory interactions in local polulations of model neurons. *Biophysical Journal*, **12**, 1–24, 1972.
4) H.R. Wilsan and J. Cowan, A mathematical theory of the functional dynamics of cortical and thalamic nervous tissue. *Kybernetik*, **13**, 55–80, 1973.
5) S. Amari, Dynamics of pattern formation in lateral-inhbition type neural fields. *Biologial Cybernetics*, **27**, 77–87, 1977.
6) M.A. Giese, Dynamic Neural Field THeory for Motion Perception, Kluwer, 1999.
7) S. Coombes, P. beim Graben, R. Potthast and J. Wright, Neural Fields –Theory and Applications, Springer, 2014.

索　引

サ

タ

ナ

ハ

マ

ヤ

ラ

著者略歴

甘利 俊一
あまり しゅんいち

1963年 東京大学大学院数物系研究科数理工学専攻
博士課程修了 工学博士
1963年 九州大学工学部助教授
1967年 東京大学工学部計数工学科助教授
1981年 東京大学工学部計数工学科教授
1994年 理化学研究所国際フロンティア研究システム情報
処理研究 グループディレクター
1997年 同脳科学総合研究センター グループディレクター
2003年 同センター長
2012年 文化功労者
2019年 文化勲章受章
現 在 帝京大学先端総合研究機構特任教授 理化学研究所
栄誉研究員 東京大学名誉教授
専 門 情報幾何学，数理脳科学

主要著訳書

『計算機科学入門』（共訳，サイエンス社）
『新版 情報幾何学の新展開』（サイエンス社）
『神経回路網モデルとコネクショニズム』（東京大学出版会）
『シリーズ脳科学』（監修，東京大学出版会）
『情報理論』（ちくま学芸文庫）（筑摩書房）
『神経回路網の数理―脳の情報処理様式』（産業図書）
『情報幾何の方法』（共著，岩波書店）
『Information Geometry and Its Applications』
（S. Amari, Springer, 2016）

SGCライブラリ-185
深層学習と統計神経力学

2023年6月25日 © 初版第1刷発行

著 者 甘利 俊一 発行者 森 平 敏 孝
印刷者 山 岡 影 光

発行所 **株式会社 サ イ エ ン ス 社**

〒151–0051 東京都渋谷区千駄ヶ谷1丁目3番25号
営業 ☎（03）5474–8500（代） 振替 00170–7–2387
編集 ☎（03）5474–8600（代）
FAX ☎（03）5474–8900 表紙デザイン：長谷部貴志

印刷・製本 三美印刷 (株)

ISBN978–4–7819–1574–6

PRINTED IN JAPAN

サイエンス社のホームページのご案内
https://www.saiensu.co.jp
ご意見・ご要望は
sk@saiensu.co.jp まで．